群芳吐艳 众星闪烁
——《气象知识》获奖作品集

（2010—2012 年）

《气象知识》编辑部　编著

气象出版社
China Meteorological Press

内容提要

《气象知识》杂志创刊于1981年，作为我国唯一一本国内外公开发行的全国性气象科普期刊，受到了社会各界的广泛关注。

近年来，《气象知识》杂志的稿源不断丰富，不仅有气象专业人士投稿，也有不少气象爱好者踊跃投稿，涌现出了一批优秀作品。为扩大优秀气象科普作品的影响力，《气象知识》编辑部组织汇编了《群芳吐艳　众星闪烁——〈气象知识〉获奖作品集（2010—2012年）》。

作品文集收录了2010—2012年刊登在《气象知识》杂志上的优秀作品。这些优秀作品由《气象知识》编审委员会委员和资深气象专家共同评选得出，代表了这几年气象科普作品的较高水平。优秀的气象科普作品以科学性为基础，以趣味性为依托，使读者愿意读、喜欢读、读后增长知识，期待这本作品能让读者畅游气象的海洋。

图书在版编目(CIP)数据

群芳吐艳　众星闪烁：《气象知识》获奖作品集：2010～2012年 /《气象知识》编辑部编著. —北京：气象出版社，2014.3

ISBN 978-7-5029-5898-5

Ⅰ. ①群… Ⅱ. ①气… Ⅲ. ①气象学－普及读物
Ⅳ. ①P4-49

中国版本图书馆 CIP 数据核字(2014)第 045823 号

出版发行：气象出版社

地　　址：北京市海淀区中关村南大街 46 号　　　　邮政编码：100081
总 编 室：010-68407112　　　　　　　　　　　　　发 行 部：010-68409198
网　　址：http://www.cmp.cma.gov.cn　　　　　　E-mail：qxcbs@cma.gov.cn
责任编辑：邵俊年　吕青璞　　　　　　　　　　　　终　　审：章澄昌
封面设计：瞿劲松　　　　　　　　　　　　　　　　责任技编：吴庭芳
印　　刷：北京京科印刷有限公司
开　　本：700 mm×1000 mm　1/16　　　　　　　　印　　张：15
字　　数：219 千字
版　　次：2014 年 4 月第 1 版　　　　　　　　　　印　　次：2014 年 4 月第 1 次印刷
定　　价：38.00 元

前　言

翻开1989年第2期《气象知识》，篇名为《群芳吐艳　众星闪烁》的报道首先引入眼帘，11篇优秀奖作品和11篇鼓励奖作品名单跃然纸上。为鼓励《气象知识》作者创作更多更好的气象科普作品，不断提高期刊质量，丰富期刊内容，编审委员会决定从1988年起每年评选《气象知识》的优秀作品。

2012年《气象知识》编辑部将1981—2010年各期中科学严谨、可读性强，贴近百姓生活、大众话题，有助于提高公众科学素质和生活质量的优秀文章汇编成册，出版了《气象知识》三十年文萃（1981—2010年）丛书，受到全国各地读者的欢迎，并成为气象科普爱好者学习气象科普文章写作的实用"教材"和"工具书"。为满足读者的进一步需求和体现新形势下气象科普作品创作的新方向和新经验，编辑部又将《气象知识》2010—2012年评选出的优秀文章进行编辑整理，以《群芳吐艳 众星闪烁——〈气象知识〉获奖作品集（2010—2012年）》正式出版，献给读者。

创作优秀的气象科普作品，不仅需要科技工作者的努力，同样需要吸引青少年的参与。可喜的是，《气象知识》编辑部非常注重培养中小学生对气象科技的兴趣及气象科普创作的能力，于2012年首次增加评选校园优秀气象科普作品，有20名中小学校园作品获奖，很好地培养了中小学生们对气象科技的兴趣及气象科普创作的热情。他们的作品与其他作品一样被收录在这本文集之中，这是该文集的一大亮点。

编辑部特请了几位资深气象科普专家（王奉安、汪勤模、朱祥瑞）对获奖作品从文章构思、写作风格、科学原理表述、遣词造句等方面进行了点评，为的是使读者对文章的特点有更进一步的把握，从中获得一些气象科普创作的有益经验。每篇获奖作品之后附上专家点评，这是该文集的又一大亮点。

期待本文集能受到广大读者的欢迎，并对繁荣气象科普创作起到积极的推动作用。

《气象知识》编辑部

2014 年 2 月 17 日

目　录

◎◎ 三等奖获奖文章

◎◎。 **优秀校园作品**

特等奖获奖文章

扬州园林中的气象奇景

◉ 文图/林之光

2009 年 11 月，我有机会在扬州开会。承扬州市气象局领导的安排，我们参观了个园，何园（寄啸山庄）和瘦西湖等扬州最著名的景区，发现了其中许多与气象有关的问题。扬州园林在我国园林中具有很高地位。清代著名文人刘大观曾说："杭州以湖山胜，苏州以市肆胜，扬州以亭园胜。三者鼎峙，不可轩轻。"（《扬州画舫录》）可见在我国古代私人园林中，扬州园林就是十分著名的。在现代，据记载，扬州个园和北京颐和园、承德避暑山庄、苏州拙政园并称我国四大名园。

个园的四季假山

如果说扬州亭园在全国园林中以叠石胜，那么叠石在扬州园林中又以个园的春夏秋冬四季假山胜。个园是清代两淮盐总黄至筠的私宅，前宅后园。本文所说的个园就是指它的后园，四季假山即位于后园之中。四季假山这种景点在我国是个孤例。它突出反映了扬州冬冷夏热，四季鲜明的气候特点。

春山：雨后春笋

设计者特意把春山设计在园门内外两侧，"一年之计在于春"么。园门外是主景区，两侧各是一个近方形大花坛。花坛内数十竿修竹凌云直上，竹丛中置若干峰笋石，高低参差，似新笋先后破土。即，春山乃取"雨后春笋"之意。

当然，这并非春山区面积不能更大，而是暗示"春光虽美好，但稍纵即逝"，即"惜春"之意。因为游人最多只要十几步，"春天"就过去了。

园门墙后是"十二生肖闹春图",进一步渲染春的气息。生肖兽石个个惟妙惟肖,暗示中国园林的开端,即取《诗经》中"囿(园),所以域养禽兽也",即最早的园林是饲养禽兽的意思。

夏山:夏云多奇峰

走过"十二生肖闹春图",迎面而来的就是个园中的中心建筑宜雨轩。宜雨轩的西侧便是夏山区,夏山乃由太湖石堆成的许多塔形直立山峰组成。峰的顶部凸圆,状如夏季天上的浓积云。即取其意为"夏云多奇峰"(陶渊明《四时》)。

夏山一角

夏山之前有一个深池,池西岸有一象形蛙石。取"黄梅季节家家雨,青草池塘处处蛙"(〔宋〕赵师秀《约客》)之意。扬州徐园听鹂馆"青草池塘吟榭"景点的蛙声过去曾经像"千军呐喊"。池塘前有几株巨大的广玉兰,是全园最高的树木。树下浓荫匝地,让人顿生"大树底下好乘凉"的快意。个园夏山中还有一个清凉去处,是山中的洞穴,其中可坐可卧。何园中的片石山房,封闭性更强,石室中"夏日入内,暑汗尽消"。

秋山：黄石丹枫，明净如妆

秋山在夏山之东，由有棱有角的黄石垒成。每当夕阳西下，映照得黄石山体上下一片橙黄，呈现金秋绚丽色彩，取"秋山明净而如妆"（〔宋〕郭熙《林泉高致》）之意。

秋山主峰高9米，气势磅礴，是全园制高点。主峰上置拂云亭，取"高可拂云"，"秋日登高"之意。秋山植物以枫为最多，黄石丹枫倍增秋意。站在拂云亭上看夏山，座座山峰浑圆顶部组成了好像由一朵朵浓积云组成的一片云海。因此，据记载，夏山还有个奇怪名称，叫"秋云"。

秋山南峰上有个"住秋阁"，阁前有一株终年皆红的枫树，暗示秋天常驻之意。这与一般人"春常驻"的愿望不同。原来是因为园主人青年坎坷，中年事业才获成功，他希望事业常驻于丰收"秋季"。

秋山和拂云亭

冬山："群狮戏雪图"

冬山在秋山之南，全以白色宣石垒成。宣石主要成分是石英，阳光下似雪，熠熠发光；背光下皑皑露白，好似积雪未消。宣石石块多浑圆团曲，因此，冬山设计得远远望去犹如许多雪狮子若蹲若伏，若立若舞，冬山也由此被称作"群狮舞雪图"。山前地面全用白帆石按冰裂纹状铺成，更增寒冬景象。冬山中配植天竺、蜡梅，使冬季中常有暗香浮动。

冬山背后（南侧）是一座高墙。有趣的是，墙上有四排共 24 个直径为 1 尺①、均匀分布的圆洞，人称风音洞。每有稍大北风，就会发出"寒风"呼啸的声音。真是别具匠心。

风音洞

至于风速加大的原因，一般认为有两个。一是北风通过风音洞时的狭管效应，二是风音洞所在高墙和个园住宅区后墙之间，形成了一条狭长通道，气流被迫在通道中擦墙而过时，根据帕努利原理，会形成负压，加大风音洞中气流的流速。

---

① 1 尺＝1/3 米，下同。

四季假山的奇妙时空变化感觉

实际上，四季假山的欣赏价值，并不止于四季假山本身。例如，第一，在四季之末冬山区的西墙上，开了两个圆形的漏窗。通过漏窗，又可以看见墙东"雨后春笋"的春景。这很易使人感到冬尽春来，一年四季周而复始。游园一周，如历一年。所以才有人说："园中方半日，山中已一'年'。"原来，春夏秋冬四山，基本上是按顺时针排列、呈圆形分布的。更有趣的是，设计者还特意在冬山漏窗前，放置了一个蹲踞状石狮，探头眺望隔墙的春景。因此此景也被称作"石狮探春"。

第二，在夏山和秋山之间，有一幢楼相连接，该楼如同把两山抱在怀里，因而称为"抱山楼"。该楼是全园体量最大的建筑，通过楼上或楼下的走廊，都可从夏山走到秋山。因此，这条走廊虽然只有 40.8 米长，但却被称为世界上最长的廊，因为要从"夏"走到"秋"。也有人把这条可以从夏天走到秋天的廊称为"时空隧道"。

第三，宜雨轩是个园的中心建筑，其四周都是玻璃窗。春山、夏山、秋山和冬山大体环绕轩的四周，所以说，"人在厅中坐，景从四边来"。春、夏、秋、冬竟一起隔窗涌到眼前，好似四季不再更迭，时间停止脚步。如果在轩周环廊中散步，又好象不断穿越季节时空，有一种神奇有趣的感觉。

正由于四季假山的立意如此奇妙，所以代表中国在美国建立的国家级园林项目"中国园"（位于占地 5 公顷的华盛顿美国国家树木园）中就有个园的四季假山。

扬州园林中的"雨景"

气温、风、湿度等各种气象条件对扬州园林也都有影响，但相对其他园林并不显特殊。我们这里主要只讲几个特殊"雨景"。

个园中的宜雨轩是主人接待宾客，与新老朋友欢聚的场所。轩门前挂了一副对联。上联是"朝宜调琴暮宜鼓瑟"，下联是"旧雨适至今雨初来"。其实，此"雨"非那雨，"雨"者，"友"也。

"旧友，今友"源出杜甫《秋述》："卧病长安旅次，多雨生鱼，青苔及榻。常时车马之客，旧雨（友）来，今雨（友）不来。"人情冷暖，世态炎凉，令杜甫感慨万分。后人由此便用"旧雨"、"今雨"借指老、新朋友。"旧雨适至今雨初来"，表示老朋友刚到，新朋友又来。所以，"宜雨轩"者，"宜友轩"也。

有趣的是，下联的两个"雨"字中，第二个"雨"字中间不是四点，而是有七个点之多。也许是想表示新朋友比老朋友还多的意思吧。

全园中还有一个"此雨非那雨"的雨景，即"桂花雨"。原来，园中藏书楼东有一条小巷，大约50米长，两边种的是大叶桂。桂树现在已经栽培成了高树，头顶上的枝已经交错封闭，使小巷成了一条林荫小径。每逢桂花盛期，微风过处，桂花纷纷扬扬好似下雨一般。

扬州园林中的真雨景，即下雨时才有的景，是流泉和飞瀑。

例如，何园片石山房主峰西侧，随着山势陡壁修筑了一条雨道。下雨时便有层层叠落的流泉飞瀑，沿雨道而下。淙淙泠泠，天籁之声不绝。另一处雨瀑在新城刘庄。利用屋檐集水下注于下方山上，形如匹练，亦蔚然可观。瘦西湖梅岭春深景点过去也有积蓄山洪，使"百尺飞泉"直射洞底的壮观景象。但后因维修不当，故今虽山雨照有，而飞泉已不复。

扬州园林中还有一个与雨有关的景。那便是瘦西湖"四宝"之一的"一石"，盆形钟乳岩石景。此石如一长盆，长约三尺，宽二尺余，厚二尺余。中间低凹，四周有悬崖峭壁深洞连峰。石上绿苔斑斑，时生细草小花。一旦雨天积水其中，倒映峰峦侧影，自成一盆绝妙的微型山水。

最后说到降雨对扬州园林建筑的影响。由于扬州多雨（年平均雨量约1100毫米，年平均雨日约115天），常造成游园不便，因此，园中多亭、多廊、多榭，以荫蔽烈日，遮蔽雨雪。扬州园林尤以廊和亭著名天下。廊中最值得称道的是何园中的复道回廊（两层），长约400米。楼廊高低曲折，回绕于厅堂居室之间，经它可以不用雨伞、阳伞而全天候通行全园。加上它造型奇巧壮观，很为游人和专家称道，享誉海内外。

再有，扬州不仅多雨而且地近长江，地下水位较高，因此，建筑防潮问题不容忽视。例如，个园建筑物都用方砖铺地，但它一般不直接接地基，而是用钵子翻过来底向上，方砖四角架在钵底之上。这种防潮方法还有另一个好处，就是脚落地无声，起减震作用。何园高大、精美的玉绣楼为了抗湿，不仅加高地基，全以平整白石砌筑，而且其中每隔约三、四米开一条圆形水平风道，以通气排湿。

（原文刊载于《气象知识》2010 年第 2 期）

◎◎◎ **作品点评**

　　有道是"看景不如听景"。透过本文的字里行间，扬州园林的气象奇景，楼台亭阁，曲径幽池便跃然纸上，呈现在读者的面前，充满了诗情画意。作者以优美的文字，辅以深厚的文史知识，展现了扬州园林美景深处的历史沉淀，给人以无限遐想的空间。走笔之际，或浮想联翩，遨游于现实与历史之间；或观景忆人，记游而实在是忆人；或睹物谈艺，陶醉于四时美景与园林艺术之中。这是许多虽亲临其境，却走马观花的游客未必能享受到的。更难得的是，作者以丰富的气象知识，解读出那些巧夺天工的亭、廊、榭与四时美景背后的故事——无一不与气象有关，于欣赏和享受之中增长些许气象知识。

探空气球的自白

◉ 文/范秀平　雷国文　李国英

　　我是气球，但不是普通的气球，我的大名叫探空气球。我的主要工作是去高空旅行，去那里帮助人们了解天空的气象状况。这是我一生做的最重要的事情。当然，这也是我生前必须要完成的一项光荣而伟大的使命。要知道，只有这件事可以体现我的价值所在，而且，也不是每个探空气球都有这么幸运的机会。

　　出发前，我们先要进行例行体检，我们身体的好坏直接决定着我们旅游行程的远近。人们把我从仓库里取出来，打开外面包装着的塑料袋，仔细查看我的周身，再带我到储氢室，充灌一些氢气。看我能够直立起来了，就要检查我身体的各个部位是否漏气，如果这时我已经开始"泄气"，那完了，旅行的事情就完全泡汤了。

　　如果我表现很好，完全通过了体检，那我在旅行前就可以饱餐一顿了。当然，我只吃氢气。这是我临行之前的最后一顿饭，我要吃得饱饱的。人们用一根密实的管子把氢气瓶的出口阀与一个平衡器连接起来，然后把我的嘴巴紧紧地套在平衡器上。可别小看这个叫"平衡器"的东西，它决定着我最多可以吃多少饭。因为在我出发之前，人们已经根据我的体重、旅行时所有随身装备的质量，以及保障我在旅行时达到每分钟上升大约 400 米的速度计算好了我的饭量。我的肚子渐渐鼓起来了，越变越大，越变越大。噢，我感觉我的力气也在逐渐增大，我都可以把平衡器提起来了，这就表明我现在的体重符合人们的要求了。这时，人们迅即关闭了氢气瓶的阀门，将我的嘴巴从平衡器上取下来，并用绳子很牢靠地扎系紧。

现在，我就要出发了。不过，我还要邀请我的好朋友——探空仪，和我一起去旅行，没有它，我的旅行将毫无意义。它的外形是长方体的，里面有许多电子元件。别看我的朋友长得不怎么显眼，本事可大着呢。在我们旅行途中，温度、气压是高还是低、风是大还是小、水汽是多还是少，全靠它的身体来感知，人们正是通过探空仪的这项本领来了解高空的气象状况。所以说，我们旅行的重要使命可都是由它来完成的呢！

但是，没有我，它也无法飞上天。我俩可是高空探测的"最佳搭档"。当然，它在出发前也要进行体检。因为它的身体构造比我复杂，体检过程当然要麻烦一些。人们在我们出发前大约半小时就把它放在一个叫做"基测箱"的地方，检测它显示基测箱内的温度、湿度、气压等各项指标是否在正常的差值范围内，如果在这个范围内，那就说明它体检合格，我们可以相伴去天空遨游了！

在探空值班室外的放球场地上，检验合格的探空仪和我被拴在同一根绳子上，一并暂时挂在放球器的铁栓上，随时准备起飞。当然，如果我们所处的探空站离飞机场比较近的话，我们在出发之前可一定得跟人家打个招呼，以免人家把我们当做"UFO"。虽然我和探空仪相距30米，但我很高兴马上就可以带它去自由飞翔了。放球时间到！只要值班室的工作人员一按办公桌上的"放球"按钮，我们便离开放球器，一同飞上蓝天。

越过树木，越过高楼，我们在空中自由地飞开！绿地红花在我们的脚下，高山河流在我们的脚下，我们在空中自由地舞蹈。

但我们的使命却远远不是飞行这么简单。从离开放球器的那一瞬间起，就有一个"管家婆"死死地盯着我们，那就是雷达。虽然我们可以自由飞行，但却时时处处被人监视。我不断地向上飞，探空仪测得的所处位置的温度、湿度、气压、风向、风速等数值也在不断地变化。而雷达就把这些秘密全告诉给了在探空值班室里的工作人员。值班室内的电脑屏幕上，显示着我们此次旅行所经过的任何一点的轨迹。

我们穿越云层，感受水滴、冰晶的爱抚；我们穿越风区，让风考验我们的毅力与智慧。我们时而扶摇直上，时而水平飘移，我们在旅行中感受着超越极限的快感。向上，再向上！我们飞越了1万米、2万米，甚至3万米，我们每隔1.2秒就把高空测得的气象要素数据反馈回去。我们采集到的数据越多，人们了解到的高空气象状况也就越详细。人们将我们采集到的高空气象要素数据——填写在天气预报底图上，根据这些要素预报员就能分析判断出未来的天气状况或者重大天气过程，如台风、寒潮、降雨等天气过程的生成和发展趋势。有了这些预报，就可以提前告诉大家，早做准备，以防发生灾害。这就是我们工作的重大意义所在。

以前，我的兄弟们很调皮，经常带着探空仪跟人们玩"躲猫猫"的游戏。因为早些年，人们在施放探空气球时还是人工操作，尤其是遇到大风或大雾天气时，由于人工跟踪时间长，感觉上产生失误，很容易错误地将雷达接收到的旁瓣信号作为主瓣信号，这样，我的兄弟和探空仪就很轻易地溜掉了。由于跟踪时间缩短，当然就会丢失一部分气象探测资料。现在，聪明的人们不断地对气象观测仪器进行更新换代，整个探空观测过程都实现了自动化，我们想溜，就没那么容易了。

我的生命很短暂。随着高度的不断上升，周围空气越来越稀薄，气压不断减小，温度持续降低，我感到越来越闷、越来越闷。我终于支撑不住了，"啪"的一声，破裂了！我似乎看到雷达透过长空含着惋惜与祝福的眼眸，但我已经尽力了。我的残骸将与探空仪一起顺着气流方向自由下落、下落。我感谢我的朋友探空仪和我同生共死，我们一起创造了这一伟大壮举，无怨无悔！

噢，请你不用担心我们会在下落过程中不幸砸到你的头上，因为我们落地地点大多在人烟稀少的郊区野外，而且探空仪的体重还不到400克，即使与你亲密接触，我想，你的恐惧感也会被好奇心所代替，把我们捧在手上好好研究半天吧。虽然我已支离破碎，但我可不是一只普通的气球，我曾飞越3万米高空，带着我的朋友长途旅行过！

一年365天，不论寒冬酷暑、刮风下雨，全国各地的探空站都会有我的兄弟们定点、定时起飞，带着我们的朋友——探空仪一起去获取不同高度的气象资料。它们大多会飞行70～100分钟，有的甚至会飞行更长时间，将收集到的不同高度的气象资料用于服务人们的天气预报工作。有位预报员说，如果没有高空气象资料，就像人缺少了一只眼睛，预报员做出的天气预报将是片面的，准确率将大打折扣。由此可见，我们旅行的意义非同一般，我们可是功不可没的大功臣呢！

（原文刊载于《气象知识》2011 年第 5 期）

◎◎。 作品点评

　　本文用拟人的手法、类似科学童话的体裁，生动形象地向读者介绍了探空气球的高空探测原理。文章颇具知识性和趣味性，语言生动、幽默，引人入胜，使读者在轻松、诙谐的氛围之中增长了一项气象专业知识。

即将消逝的低碳民居——地窖子

◉ 文/兰博文　张雪梅

　　有人说建筑是凝固的音乐，无处不散发着迷人的气息。作为气象工作者，我们无意中发现那些独具特色的建筑中多少都留下了人类适应气候变化的足音，你看造型圆润的蒙古包有效地降低风阻系数，犹如蘑菇般点缀在天似穹庐的草原上；你看川渝湘鄂江边的吊脚楼，半悬江面打造出冬暖夏凉的自然空调；半脸灰尘半脸沙的山陕高原，风尘中粗犷的窑洞营造出应有的宁静与安详。白山黑水间也有一种适宜在异常严寒气候下生存的简陋民居——地窖子。这种最为原始的居住方式并不意味着落后，恰恰相反，在它身上体现了很多人与自然和谐统一的设计理念与建造思想。

地窖子展示了人类适应自然环境的设计才华

　　白山黑水间广袤的土地是人们俗称的北大荒，这里物产丰富但天气严寒，"胡天八月即飞雪"的冬季气温常在-20℃，极端最低气温达-45℃以下，积雪厚度常达1～2米，刮起的"白毛风"（大风夹杂着雪粒）时常遮天蔽日，冰冻三尺的严冬长达四五个月之久。在没有现代化供暖设施的古代，"夏则巢居、冬则穴处"成为这里渔猎民族的生存哲学，而这个"穴处"的居住形式在东北民间俗称"地窖子"。

　　地窖子多选址在南面向阳坡地，这种设计是为了保证有充足的阳光照射，对居所起到杀菌、保温、照明的作用。多为半在地上半在地下，三面多半在地下，冬季雪后屋顶上就覆盖上厚厚的雪被起到很好的防寒保温作用，即使屋子冬季不取暖也能保持在0℃以上。地窖子一般建造在山坳与河流小溪附近，这样既能有效地避免暴风雪的袭击，又可就近取水、便于生活。加之建造方便、成本低廉、保暖性能好，很适合游牧民族和拓荒者使用；地窨子低矮错落、方便易用、雪后极容易与环境融为一体，常成为抗联战士、淘金者、赶山人的住地，抗日战争时期还一度成为抗联战士的秘营与隐蔽的场所，在东北是与"木格楞"齐名的居住方式。

地窨子体现了人类降低房屋造价的调控理念

地窨子不能说"建"，更准确地说应该是"挖"，因为它东北西三面多半在地下。一般情况是在选好的坡地挖深近2米的长方形深坑，日晒或拢起火堆把坑内的潮气熏干，在地上和墙上粉刷防潮的石灰。然后在坑内架柱铺椽，柱子高出地面半米左右，椽子直插坑壁或搭在南面或东南角的门窗之上，房顶细密地铺上秸秆或房草，再用半尺多厚的土夯培填上，地面搭上火炕或架上木板，房顶四周围上低矮的土墙或木栅栏，距离后房檐半米远处再挖条排水沟，一座典型的地窨子就算大功告成了。大多数地窨子的后墙几乎都是与地面平齐的，这就是东北人常说的"抬腿迈房顶"。

古代北方最牢固的建筑是城墙，皇帝的居所也不过就是大的四合院。东北不比江南，冬能御寒、夏可避暑的建筑要付出高昂的建筑成本，能支付起深宅大院造价的人少之又少，这或许就是东北此类建筑遗存较少的原因所在。地窨子的建筑材料主要为泥土和秸秆，便于就地取材；三面利用自然山坡作围墙，省时省料；建筑方式为人工挖掘和土坯夯实，建房技术水平要求不高；面南背北的半地穴式，冬暖夏凉，适宜防寒保温。作为东北典型借助自然环境降低制造成本的经济型民居，简易、低廉的特点成为平民百姓必然的选择，在东北延续长达千年之久，到民国时期乃至20世纪五六十年代仍常见它的身影。

地窨子采取了人类降低能源消耗的有效措施

上海世博会有个"零碳馆"，通过各种先进的科技手段实现了建筑的节能环保，其实，低碳建筑并不一定只有高科技才能做到，简陋的地窨子也是符合人类倡导的低碳、节能、环保理念，适应自然、改造自然的高手。

先聊聊独特的采光与通风。地窨子坐北朝南，北面以山坡做墙、一面通风。这有利于太阳光的利用，避免大的暴风雪袭击将屋子里的暖空气带走。

窗户多纸质的，正如东北"三大怪"所说"窗户纸糊在外"，有效防止冬季冷风透过窗户缝隙进入室内；开窗取光、关窗留影，这种天然的百叶窗适度调节采光与遮阳，很好地解决了夏季强光抬高室温的弊端，并随时随地都可修补维护。自然的山坡作为山墙有很多细缝和空隙，房顶为秸秆和泥土的混合物，形成了一座可以与外界进行适度呼吸的房子，有效解决了地窨子不是南北通透造成的空气流通较差的问题，并起到很好的过滤作用，有利于吸纳空气中的灰尘和细菌。

再侃侃自然天成的空调"土瓦"（满语，意为万字炕）。《宁古塔纪略》载："屋内南、西、北接绕三炕，炕上用芦席，席上铺大红毡，……靠东边间以板壁隔断，有南北二炕，有南窗即为内房矣。无椅杌，有炕桌，俱盘膝坐。""穿土为床，温火其下"的火炕在东北可不只夜晚就寝那样简单，还承担着每日三餐乃至待客、读书、宴饮等多种功能，"盘腿上炕"是典型的东北习俗。万字炕为南北对起的通炕，西侧有窄炕形成通道相连，构成了"兀"型，也有把地面、西侧墙面也修成烟道的，俗称"地炕""火墙"。供热从做饭的锅灶起经南、西、北环绕整个屋子，形成天然地热与暖气。关东"十大怪"的其中一怪是"呼兰（烟囱）立在山墙外"，地面上出的烟囱和曲折低回的线路有效地增加了供热面积和热量停留时间。夏季这个神奇的互联互通的"土瓦"又成了高效制冷的中央空调，将地下的清凉向外逐步传递，这就是地窨子冬暖夏凉最大的秘诀。

地窨子通过自然的方式降低能源、资源消耗的方法还有很多，比如房前挖出大院庭以便多纳阳光、东侧开门口袋房使屋内相互连通放大使用面积、房顶低矮平缓巧用积雪防寒保温、单面起坡有效降低被暴风雪袭击的概率、三面以地为墙大量减少建筑材料使用、室内挖窖形成冬冻夏藏天然冰箱等等。

地窨子蕴含了人类征服自然不屈的民族精神

地窨子完全有理由申报中国非物质文化遗产，因为它的存在使得人类在农耕游牧文明时期得以在白山黑水的蛮荒之地栖息，也正是这种在艰难困苦中的生存能力，为中华民族注入了更多的坚韧、刚强与不屈。

在近代史上，一拨儿一拨儿的东北流人发配边陲，一批批京旗返乡巩固龙兴之地，淘金、赶山（挖参）、种地、伐木、挖煤等大批闯关东的人不断出现，地窨子便在长白山、大小兴安岭的山谷溪流处扎下了根，也正是这密林深处随处可见的地窨子为抗联战士提供了绝佳的栖息秘营，为"火烤胸前暖、风吹背后寒"的转战与奔袭提供短暂的休憩与临时的隐蔽。尤其是20世纪五六十年代，在环境十分艰苦、物资十分匮乏、条件十分落后的情况下，在国家开发北大荒实施屯垦、开发大小兴安岭发展森工、开发大庆开采石油之时，地窨子作为最节省建筑材料、最经济舒适的一种建筑方式得到大面积推广。对有过"上山下乡""会战"经历的人来说，地窨子多少会勾起他们对过往的追忆。

随着城市化进程的加剧，地窨子作为最简陋的居住方式已退出历史舞台，即将消逝。难道几十年的发展，就将在困难中带给我们温暖与庇护的地窨子遗忘了吗？正是这半在地上、半在地下简陋的居所，养育了鲜卑、契丹、蒙古、女真（清）儿女，为中华民族注入了更多的坚韧与刚强；记录了闯关东的无畏、无奈、无悔与无惧，让我们至今还不时去追忆与思索那曾蹒跚走过的艰难往事；见证了抗联战士艰苦、艰难、艰辛、艰险的民族抗争，可歌可泣地翻过了近现代史上屈辱的殖民年代；也伴随新中国走过了"上山下乡"最为困苦的峥嵘岁月，造就了感天动地、改天换地的铁人精神和北大荒精神。

地窨子不但有历史文化价值，更具低碳的设计思想与环保的建造理念。2010年，黑龙江省五常市的农民研发出一种地窨子形式的蔬菜大棚，不但省煤节能降耗，而且降低生产成本，引起了黑龙江省政府的高度重视，并在全省进行推广。真希望能有一批睿智的人用现代化的科技手段构建一批有真正居住价值的现代地窨子，犹如四合院改造的会所、窑洞里的星级宾馆、吊脚楼里的民舍，让古老的生存智慧与价值理念通过现代科技手段得以延续并发扬光大，让地窨子在历史气息与人文追忆中焕发新的青春。

（原文刊载于《气象知识》2012年第1期）

◎◎。 **作品点评**

　　本文向读者介绍了几近被人们遗忘的低碳民居——北大荒的"地窨子"。"地窨子"展示了人类适应自然环境的设计才华、降低房屋造价的调控理念，以及降低能源消耗的有效措施，蕴含了人类征服自然不屈的民族精神。文章语言优美、流畅，结构合理，对"地窨子"的历史文化价值和低碳的设计思想与环保的建造理念，作了比较全面而科学的介绍，读后不禁有到"地窨子"潇洒住一回的向往。

一等奖获奖文章

风沙造型地貌奇观

● 文/陈昌毓

贺兰山——乌鞘岭——日月山——布尔汗布达山——昆仑山一线以西和以北的广大土地,为我国西北内陆区。这个地区深居亚洲大陆腹地,远离海洋,受山岭层层阻挡,海洋暖湿气流很难到达,其气候具有干旱少雨、太阳辐射强、日照时间长、冷热剧变和风多风大等特点。这种气候使西北内陆区的盆地和平原变成为干旱荒漠,形成大面积的沙漠戈壁和一些奇特的风沙造型地貌景观。

形态多样的沙丘地貌

携带大量沙粒运动的气流,被称为"风沙流",一般构成风沙流的最低风速为5米/秒。携带着大量沙粒的风沙流,在运动中遇到障碍物(草丛、土岗、洼地等)风力就会减弱,于是空中的沙粒便在障碍物附近沉积下来,形成沙堆。当沙堆积累到一定高度时,沙粒就会顺着风向从沙堆背风面上滑塌下来,使得背风面洼而陡峭。沙堆的迎风面首当风的吹袭,沙粒会不停地沿着迎风面向前搬运,于是成为坡度缓的"迎风坡"。这样,就会出现一个从顶部看去宛若新月一般的沙丘。沙丘的移动,主要是在风力作用下沙粒从迎风坡吹扬而在背风坡堆积的结果。沙丘在风力驱动下移动的过程中,又不停地进行着沙粒堆积,使沙丘由小到大,由少到多,由分散到集中,久而久之,便形成了一望无垠的、表面都为沙丘所覆盖的沙漠。

西北内陆干旱区沙漠的沙丘高度,高大者可达100~300米,一般都在10~25米,低矮的则在5米以下。一堆堆黄沙堆积成高低不等的沙丘,连绵起伏,随风逐流,宛若风掠海面,掀起沙浪滔滔。沙漠像海洋一般广阔,也犹如海洋一样的形态，难怪人们把沙漠称作瀚海。详细观察西北内陆干旱区沙漠上高低不等的沙丘，不难发现它们有着复杂的形态：有的像垄岗，有的呈鱼鳞状，有的像金字塔，更多的呈新月形。它们有单个独存的，也有列队成行的，还有重叠地挤在一起的，形态真是千姿百态。沙漠上无论沙丘的类型如何复杂，形态如何多变，都是风作为主要动力吹制而成的。

西北内陆干旱区分布最广的是沙丘地貌。南疆的且末、于田一带分布着许多金字塔形沙丘，沿和田河走廊穿越塔克拉玛干沙漠，可以看到高达 200 米左右、最高达到 300 米的复合式金字塔形沙丘，以及像一座座长城的沙垄；巴丹吉林沙漠是我国沙丘最高大的沙漠，这里巨大的金字塔形沙丘和复合式沙丘，高度大多在 300 米左右，最高的达到 500 米左右；在腾格里沙漠中广泛分布着格子状沙丘，还有一些羽毛状沙丘和蜂窝状沙丘；而新月形沙丘和沙丘链，在各个沙漠中则比比皆是。

奇形怪状的雅丹地貌

在新疆克拉玛依东北的乌尔禾地区、哈密—吐鲁番一线以南至罗布泊附近、瓜州（安西）—敦煌盆地和柴达木盆地西北部，有许多雅丹地貌，其中以敦煌玉门关外和乌尔禾地区的雅丹地貌规模较大、最有名气。"雅丹"是个维吾尔语名词，其原意是指气候干燥多风地区"具有陡壁的小丘"，后来泛指沙漠戈壁中顺盛行风向分布着一系列平行并且相间的风蚀垄脊、土柱和风蚀沟槽、洼地的地貌组合。采用"雅丹"命名这种独特的地貌，是 19 世纪末瑞典探险家斯文·赫定，在对罗布泊附近及其以东地区的风蚀地貌进行了详细考察后提出来的。

在敦煌玉门关以西约 80 千米广阔的黑色戈壁滩上，有一处赭黄色的雅丹地貌群落，东西长约 25 千米，南北宽约 1～8 千米，面积约 100 平方千米。它地处库姆塔格沙漠以北，西面是罗布泊。玉门关外这片雅丹地貌，沟槽和洼地两边形态迥异的垄脊、土柱和土丘，相对高度一般在 200～300 米之间，最高的达到 500 米左右。远观其形态风貌，酷似中世纪欧洲颓废了的古城堡群，沟槽和洼地好似"街道"和"广场"，垄脊和土柱活像"城墙"、鳞次栉比的"楼群""塔林""亭台楼阁"和各种"雕塑"等，其形象生动，惟妙惟肖，令世人瞠目。这片雅丹地貌位于戈壁沙漠大风区，每当夜幕降临之后，尖厉的漠风发出像传说中魔鬼的狂嗥，令人心惊胆颤，毛骨悚然，人们因此把这片雅丹地貌称为"魔鬼城"。20世纪初，著名探险家斯坦因在从新疆赴敦煌途中经过玉门关外"魔鬼城"时，被这里奇异的景象惊呆了，他在考察笔记中写道：这样的奇景在考察经历中真是见所未见。近些年来，我国地理学家对玉门关外"魔鬼城"进行了详细考察后，一致认为其个体和群体之大，形态之奇特，在世界上是独一无二的自然景观。现在，玉门关外"魔鬼城"已列为甘肃省重点地质地理生态保护区。

乌尔禾地区的沙漠戈壁里，有一座方圆数十千米的"城堡"，与玉门关外"魔鬼城"相似，城池内也是"街巷"纵横，"楼阁"毗邻，"高塔"峥嵘，奇石嶙峋，还有许多光怪陆离的"雕塑"和"珍禽异兽"的造型，神态自若，栩栩如生。人们置身在玉门关和乌尔禾的雅丹地貌群落中，宛如走进一个庞大的世界建筑艺术博物馆，又像走进了一个雕塑艺术公园或一个迷人的童话世界，让人移步换景，目不暇接，为大自然的鬼斧神工惊叹不已。

在古地质时期，玉门关雅丹地貌区属于罗布海的海湾，乌尔禾雅丹地貌区曾是一个巨大的湖泊。随着时光的流逝，地壳不断发生构造运动，致使这两个雅丹地貌区附近的青藏高原和山脉不断隆起，海湾底部和湖泊底部随之不断抬升，气候也随之变得干燥起来，最终使海湾和湖泊干涸而成为十分荒凉的戈壁台地。在干燥气候条件下，随之而来的便是那猖獗的狂风，而台地又正处于大风区，加上大陆气候特有的暴雨，把台地冲刷得支离破碎，更加剧了风蚀作用。裸露的台地由于不同部位的质地有别，抗狂风的能力就各不相同，坚硬处在狂风中傲然挺立，脆弱处被狂风吹蚀殆尽，于是便形成了光怪陆离的雅丹地貌群落。

西北内陆干旱区奇特的风沙造型地貌景观，其外观虽然令人有苍凉之感，但它们却蕴藏着丰富的地质地理科学的奥秘，具有大漠独特的天然艺术风采，其本身也是一种自然资源，一种特殊的美，只要很好地保护和利用，就能产生很高的旅游经济附加值。所以，苍凉的风沙造型地貌景观也是人们探险、旅游览胜很珍贵的资源和好去处。开发这些独特的旅游资源，是西北内陆干旱区国土资源的特殊利用，是带动这里经济发展的重要举措。

在这里需要特别指出的是，西北内陆干旱区的生态环境特别脆弱，一旦遭到破坏即难以恢复。因此，对这里旅游景区的开发要注意合理和适度。具体来说，对景区游客环境容量要从严估算，对景区生态环境的保护要从高要求；应尽可能对景区采取线状和点状开发，避免面状开发；有些景区要实行"轮封轮放"的开发形式，给景区自然环境以休养自存的机会，以保证生态环境遭到破坏的景区能及时得以改善和恢复。

（原文刊载于《气象知识》2010 年第 3 期）

◎◎。 作品点评

通过对沙漠奇观的描述，明确了其形成过程与其气候特点的密切关系，指出这种气候使西北内陆区的盆地和平原变为干旱荒漠，形成大面积的沙漠戈壁和一些奇特的风沙造型地貌景观，有很强的科学性；不经意中，介绍了"风沙流""雅丹地貌""魔鬼城"等知识亮点，内容丰富，有很强的知识性；对奇观的叙述，娓娓道来，丝丝入扣，结构严谨，具有很强的层次性；文字优美，语言生动，具有很强的可读性；难能可贵的是，作者在文章的最后还就开发和保护这些独特的旅游资源，带动这里地方经济的发展提出了很好的建议，具有较强的现实意义。

"云中水滴"幕后的故事

● 文/刘欧萱

　　世界气象馆是由世界气象组织和中国气象局共同设计、建设的场馆,具体工作由中国气象局和上海市气象局负责。从整个上海世博会场馆建设规模来说,世界气象馆的投入资金相当少,虽然说 2000 万元人民币对气象部门来说已经是个很大数目了,但是与整个上海世博会场馆建设资金投入相比乃是小巫见大巫。如日本馆的建设斥资 10.9 亿元人民币,英国馆为 6.8 亿元人民币,泰国馆为 2 亿元人民币,就连世界气象馆隔壁的联合国馆,虽然建设式样较为简单,但资金投入也有 3000 万美金。

　　在世博会这样的一个平台上面,我们的世界气象馆不能建设得比其他场馆差,要走的路只有一条,那就是把气象馆建成有特色的馆。基建工程刚开始时我们虽然信心十足,但是那时候情况非常困难,因为此前没有任何世界博览会的气象展馆可以借鉴。当时大家都绞尽脑汁,都在想如何才能把气象馆做好。面对那片空地,我们没有任何图纸,甚至没有思路和概念。就在这困难的时候,有个法国设计师主动向我们提出,可以帮忙做一个气象馆的设计方案,但 2 个星期后,他提交给我们的设计方案却让我们无从下手。就在我们一筹莫展的时候,我遇到一位中国年轻的设计师,名叫吴晓飞,在这之前我们从没有听说过这个人,他也没有什么重大的设计成果,所以我们当时并没有与他合作的意向。然而,他却对我说,他愿意免费提供一套世界气象馆的设计方案。过了没多久,我就拿到了他提供的设计初稿。当仔细研究他的设计方案时,却让我非常欣喜。他的世界气象馆创意来源于一次偶然,当时他正在自家窗前欣赏住宅小区里的风景。上海有很多住宅小区有喷水、造雾的人造景观,他家楼下就有一个喷雾的装置,当他看到造雾效果时,马上就联想到我提供给他的中国气象局的标志图案，标志里面是一朵云，寻常百姓只要一想到气象就会联想到云，所以他就有了设计、建造一栋像云一样的场馆的想法。他设想那栋房子可以喷雾，气象馆的建筑是采取虚拟与现实结合的方法，仿佛气象馆是浮在云中。这个构思和思路让我有了很大的兴趣，于是我们开始深入探讨这个设计方案，并且开始勾勒设计草图。

中国气象局负责世界气象馆参展项目的是北京华风气象影视信息集团的石永怡总经理，她对我们的构思和设想很感兴趣，并且给了我们巨大的支持。她对我们说：做一个像云一样的房子会更像一个蒙古包，做的东西越纯粹越好，云就是云，不要做成蒙古包。在设计的初期，我们经常从上海飞北京，来来回回三四次，并且聘请了中央美术学院的专家参加世界气象馆的设计项目评审会。中国气象局领导非常重视世界气象馆的项目，多次参加审议。经过反复修改和审查，最终确定目前的设计方案。

世界气象馆的设计方案有了，我们为世界气象馆取个什么名字呢？大家都在冥思苦想。目前这个名字"云中水滴"是我想出来的，我当时是这么理解的：云彩本身就是由微小的水滴组成，那小水滴看起来一点都不起眼，但是一颗一颗地组合起来就是一朵美丽的云。云离不开水滴，就像大气离不开水一样。水滴由液态到固态、气态，周而复始、造福人类。每个气象工作者就是一颗小水滴。这就是气象，就是气象工作。

接下来摆在我面前的一个现实问题就是场馆的建设。我们场馆建设不可能去和别的国家相比，我们只有自己开动脑筋，自己去预算、核算，怎么搭建结构、搞土建，怎么才能少花钱多办事。那时候，我们每天的工作基本上就是跟每个建材、设备供应展商谈"气象"，让他们理解气象部门，支持我们气象部门。值得高兴的是，在场馆的建设过程中，与我们打交道的每一位供应商，只要听说我们是气象馆的，都很感兴趣，都非常愿意帮助我们，在提供建材、设备价格方面给我们很大幅度的优惠，这正是我们的运气所在，是气象带给我们的运气。供应商都说：在世博会众多的场馆里来了个气象馆，和别的馆不一样，别的场馆都是国家馆或者企业馆，而气象馆是专业馆、纯粹公益场馆，这在世博会的历史上从来没有。而且我们气象馆有科普和科学技术展望的性质，与世博园中的其他企业馆的商业行为有很大的不同。很多供应商都对我说，你们的世界气象馆一定会备受欢迎的。在这样的情况下，我们谈判进展就顺利了很多。比如，场馆外面的喷雾设备，刚开始谈判的价格是人民币 900 多万元，我们世界气象馆的所有投资是 2000 万元，如果按这个价格，一个造雾设备就占去了投资的近半，肯定是不行的。我们就跟人家深入谈，谈气象理念，谈我们是公益馆等等。那个设备供应公司的负责人非常好，也非常理解我们气象部门，他说，你们需要的喷雾效果的云、雾跟我们公司所做的产品很贴切，我们就是做造雾项目的，我们可以采取另外的方式，类似于租赁。最后我们只花 80 万元就把造雾项目完成了。在接下来的室内装饰工程中，我们也是按照这个方式来谈合作，结果我们在设计费用方面的支出也非常少，整个气象馆的室内设计只花了 25 万元。

如果说世界气象馆从外面看像一朵云的话，我们就把进到馆内这个过程看成进入到云的内部。那么，"云中水滴"的里面到底是什么样的？世界气象馆能带给人们的到底是什么呢？这些就需要看场馆里面的各种展览项目了。我们把整个参观过程取了个名字叫"云中漫步"，寓意就是整个过程都是在云中漫步穿行，采用的方式也比较独特，这种方式可能是世博会其他场馆到目前为止都没有出现过的。电梯和电梯外面的屏幕上景色是合二为一的，利用电梯的上升空间以及外面的 180 度的环幕联动，观众可以从地面上升到"高空"来感受地球大气之美。观众从 1 楼乘电梯上升到 2 楼，电梯门一打开，第一个展项就是气候变化长廊。这是一条绚丽的彩色梦幻长廊，观众身边流动着虚拟的云彩，脚下也有喷雾的效果，身在其中就像在云中漫步一样。

这次上海世博会做低碳、做气候变化相关的主题馆很多，我们世界气象馆怎么做？我们气象部门有什么呢？无非就是一些数字和曲线，但它体现着气候变化的事实。讨论气候变化问题是我们气象部门的强项。这时候很多领导和专家给我们提意见和建议，要我们不要生硬、纯粹地去谈气候变化。对于气候变化这个主题，目前很多人一谈到就很悲观，类似于世界末日要来了一样。我们要去讲事实，利用我们气象部门的各种数据去体现这些事实，展现人类社会发展的美好未来。

气象馆究竟采用一种什么样的方式来展示气候变化这个主题呢？比如说，我们认为，人类文明的发展史跟气候变化是息息相关的。于是在整个演示过程中，我们特别节选出两者对应的 20 个瞬间，其中一个是小冰期，我们用当年的油画来证明当时泰晤士河是结冰的，而且可以在冰面上行走、滑冰，过了小冰期以后，这个现象就再也没有发生过，我们就是这样试图去还原这样一个漫长的历史。在地球发展的历史长河中我们所处的气候环境有温暖期、寒冷期，这是历史带给我们的，面对这样一个变化的曲线，我们该怎么做？所以，我们在第二个演示大段就开始讲工业革命以后二氧化碳的排放确实给人类生活带来了不容忽视的影响，这一点是目前科学家已经确立的论点。然后我们从这次世博会的主题"城市，让生活更美好"去展开，把它归结为城市发展的机遇和责任。

演示的最后一个部分就是城市要为整个社会的减排做些什么。我们选了上海、纽约、伦敦和日内瓦4个城市，前3个是世界上公认的大城市，第4个为什么选日内瓦呢？因为日内瓦是世界气象组织的总部所在地。节选了这4个瞬间作为最后一个演示节目。

根据专家的建议，我们在演示的最后做一个提示性的影片，放在气候变化长廊的末端。同时，在馆内我们还增设了一些与观众互动的项目，例如碳排放计算等等，把整个气候变化做成一个积极向上的主题。通过这些，寓意我们人类已经就减排开始积极行动，特别是大城市已经率先开始行动了，也就是每个生活在城市里的人都要为城市和环境作出自己的贡献。我们世界气象馆从进门开始一直到最后的4D影院演示结束，都在传达这样一个主题：天气、气候、水以及人民的平安和福祉。

（作者在上海市气象局气象传媒中心工作，任上海世博会世界气象馆副馆长）

（原文刊载于《气象知识》2010年第4期）

◎◎。 **作品点评**

作者以亲身经历讲述了体现气象特点的气象馆设计、建设过程，通过朴实的语言，讲述了上海世博会"气象馆"从立意、构思、设计、建设到正式开馆展览的幕后故事，体现的则是敬业、创新奉献的气象人精神。

话说气候危机与天人合一

◉ 文/张家诚

今年(2011年)世界气象日的主题是"人与气候"。下面就近万年来,气候变化与人类发展的关系做一个简单的回顾,借以说明当代气候问题的渊源与应对问题。

气候系统与"天人合一"

1979年第一次世界气候大会提出气候系统的基本概念。这是一个包括地球表层岩石圈、水圈、大气圈、生物圈与冰雪圈等在内的庞大系统。太阳辐射与各种宇宙因子是气候系统的能源与宏观环境。大气圈、水圈与岩石圈是地球的基础圈层。

岩石圈与大气圈之间那薄薄的一个环境层,在天文因素与两个圈层的直接影响下,有最丰富的资源,是生命现象荟萃之地。生物圈作为地表层的第一衍生圈层,它能主动利用地球资源和优化地球自然环境,而具有思想能力的人类就是生物圈最高级的产物。人类利用自然资源,同时学会思想、设计、制造与掌握技术体系,笔者认为,这又组成了一个新的、更具活力的第二衍生圈,即人类圈或技术圈。

人类圈不能离开气候系统和太阳辐射及其变化的影响,并以祸福的形式影响人类发展。技术帮助人类更好利用环境资源,又能在灾害或危机的打击下,寻找新的发展方式。

中国古代用"天人合一"的理论概括了人类与环境关系,"天时、地利、人和"更具体指出人类活动的主观理想及其客观条件,并产生关系着祸福成败的综合效果。《孟子》说:"天作孽,犹可违;人作孽,不可活。"指出人类能够应对环境的影响，但却往往毁于自身错误所造成的恶果，是对人类的重大警示。特别是，人类圈的发展远快于其他圈层，近万年来人口增长约千倍，技术与社会变迁多次发生，成为"天人合一"模式变化中由人类引起的一个重要原因。大危机往往是人类大发展的前奏。

古代冰期酷寒与猿向人的转变

约在三百万年前，地球气候进入第四纪大冰期，在其影响地区的类人猿不但身体难以承受冬季的严寒，更难忍受食物欠缺的饥饿。大多数死于饥寒交迫，只有少数开动脑筋，找到避风寒的山洞与遮蔽物，并储存夏季产物过冬。这就是猿向人转变的开始。

燧人氏、伏羲氏、神农氏等名号代表人们对史前用能，采集夏季产物过冬等关键技术首创者的怀念。他们为开发利用气候资源作出最初的有意识的尝试，是农业的先行者。古代农业是自然条件下的生物产业，这是我国古代利用精耕细作的农业技术，开发土层保温、保湿、保肥的能力，夺取丰收的成功措施。以色列与西亚干旱地区先进的旱农技术是其现代版本，说明"以人治地，以地补天"的原理的确有效。夏禹治水，变荒地为良田，是协调人类同气候关系的环境工程的首创。

从此，人类与知识、与技术结下了不解之缘，终于开创出用化石能带动的机器作为主要生产工具的工业化时代，并以远超过手工劳动的威力席卷世界各种产业。

当代气候变暖危机与人类活动

20世纪60年代末到70年代初，非洲连年干旱与世界各地气候灾害加剧，出现粮食产量增速慢于人口增速的危险趋势。为此，联合国各组织纷纷召开环境、水资源、农业等方面的世界性大会，认为全球增温是危机的关键。大会提出气候系统的科学概念和制定世界气候计划，标志气候学从一门学科转化为人类的一项重大事业。

现在，半个世纪已经过去，20世纪后10年，全球温度更上一个新台阶，百年温度增幅从0.6℃突升到约0.74℃，气候灾害增多和恶化，常常同地质、海洋灾害结伴而至，说明了气候同其他圈层现象休戚与共，人们处于灾害频发的四面楚歌之中。

气候变化也引起各国政府与人们重视，在国际交往、政治、社会、立法等领域都成为举世关注的热门问题，低碳经济已经发展成规模巨大的产业，有力地改变着人类的发展模式。

滥用化石能是气候危机的重要原因。虽然燃烧化石能直接加热大气的程度有限，但向大气排放大量二氧化碳等温室气体，改变了大气的辐射性质，成为全球增温的主要原因之一。

另外，机器的专业性带动了产业的分工，其结果，人们只有在市场卖出产品，买进原材料、燃料和生活必需品，才能维持再生产。市场万业云集，成为物流、人流与商业兴旺的中心，人口与人们生活、生产设施急增。房屋、道路与各种设施抢占土地，原有植被和自然地面不再存在，这就阻碍自然水分与物质循环，破坏了资源的再生能力，于是，城市成为环境恶化的中心。

特别是，环境资源分布并不随城市化向城区汇聚，原有"一方水土养一方人"的自然格局不再存在。向城市输入物资，从城市输出废物又成为新的负担和灾害的原因。

我国的汶川地震，杀手远不只是地震，损失集中在密布的城镇、交通线和河流蜿蜒的高山深谷间，山崩、滑坡与泥石流不时截断物流与水流，多种灾害重叠发生。2011年冬澳大利亚特大水害，陆地一片汪洋，淹没了矿山，影响到万里之外欧洲的燃料和中国等地的铁矿砂的供应。总之，现代气候危机实质上就是"天人合一"系统解体的危机，也是"人作孽"的结果，如果不予纠正，必然达到"不可活"的悲惨结局。

气候危机的消除与和谐理念的倡导

因此，有人称工业的从资源到产品与废物的线性传输模式为"从发展到坟墓"的模式。相反，自然界的生态循环则有利于"天、地、人"关系的优化，所以是"从发展到发展"的模式。两种模式的对照如此鲜明，突显出环境在人类发展与技术进步中已进入伦理的核心。

当代气候危机使人们认识到，保护气候系统的和谐运行是人类爱己、爱人、爱环境的关键。特别是，地球有各种各样的物质资源，每种资源又有各式各样的用法与相应技术，给人类有效解决任何难题提供了必要条件。所以这一伦理的实现将会改变今后技术发展与社会的人性水平。

比如说，地球有无数清洁能源。单说每年到达地面的太阳能就高出人类用能总量的万倍以上，而核聚变能源更有永不枯竭的蕴藏量。地球的水荒虽然越演越烈，但人口集中在沿海，当前海水淡化的成本已在自来水价之下。何况，海水含有许多资源，仅生产 1 吨海盐，就需排除 4 万吨淡水，所以只要多种产业技术升级与综合，水荒也就迎刃而解。

但是，只有在"天人合一"的理念指导下，才能认识到保护环境就是保护人类的核心利益，因而这也是人类最高的伦理。伦理以其理性的内涵融进技术改造和社会变革，高科技回归自然，幸福与富裕不再分裂的人类理想必将实现。

特别是，现代信息技术足以使人们迅速汇聚和评价环境与人类关系的实况信息，及时采取预防或补救措施，永葆人类与环境的和谐。

（原文刊载于《气象知识》2011 年第 2 期）

◎◎。 作品点评

本文作者是我国著名的气候专家。选题紧密结合人们关心的气候变化的实际，短短数千字，纵横百万年，结合我国古代"天人合一""天时、地利、人和"的理论，运用渊博的天气、气候知识和深厚的中国哲学文化背景，为读者介绍了数百万年以来，气候变化对人类社会发展的深刻影响。文章对于唤醒人们的危机意识，呼吁保护环境，应对气候变化具有重要意义。作者怀着强烈的责任感与使命感明确指出，现代气候危机实质上就是"天人合一"系统解体的危机，也是"人作孽"的结果，如果不予纠正，必然导致"不可活"的悲惨结局。作者呼吁要尽快运用现代信息技术，使人们迅速汇集和评价环境与人类关系的实况的信息，及时采取预防或补救措施，永葆人类与环境的和谐。

我背着气压表走进西藏

◉ 文/彭彦才

今年(2011年)是西藏和平解放60年。西藏刚解放不久的1953年5月1日,根据西南军区气象处的命令,我们护送着气象仪器及物资,从四川成都启程向西藏进发。7月29日,我背着气压表随队从甘孜玉隆草原走向西藏,历时155天,抵达西藏首府拉萨。虽然此事已经过去了58年,但进藏途中翻越二郎山、穿越海拔4000多米的石渠扎溪卡大草原、走过三江源区(长江、黄河、澜沧江发源地)等所经历的一幕幕,不时浮现在眼前⋯⋯

受命向西藏拉萨进发

刚解放时,四川、西藏及西南区的气象工作被军队接管。1953年4月中旬,西南军区召开川藏区域军事气象工作会,传达中央军委关于贯彻党中央、毛主席要求开辟康藏高原禁区航线,保卫西南边疆的指示精神。西南军区司令员刘伯承、政委邓小平,西南空军司令员余非要求西南军区气象处以最快的速度、最佳的安排,迅速完善甘孜飞机场气象站和拉萨气象站,新组建昌都、巴塘、林芝等气象站。按照西南军区首长的命令,西藏军区前方司令部张国华司令员和西藏军区后方司令部陈明义司令员商议后决定,派出包括我在内的一批从事气象测报的战士随同军区运输大队护送气象仪器进入藏区。

5月1日早晨,西藏军区后方司令部承运汽车连的9辆军车一字排开停在军营内,各类物资、器材装了满满6车。车队中有一辆体积最大的车名叫大道奇,满载着稀缺贵重的气象器材等,需要专人坐在车顶押运,这项任务落实给我和江西老表小蒋担任。

二郎山上遇塌方险些坠崖

第二天一早，车队从雅安兵站出发，经过天全县城不久，就开始沿着蜿蜒曲折的简易公路向二郎山攀登。

二郎山是横在川藏交通线上的第一险关，是我们从四川进西藏要翻越的第一座大山，它最高峰海拔 3437 米，既是地理环境的天然屏障，也是高原与内陆气候的分水岭。当我们正陶醉在二郎山的神奇美景中时，突然轰隆一声巨响，随即汽车剧烈颠簸，瞬间小蒋和我被抛甩在公路边。我本能地猛跃而起一看，发现我们乘坐的车遭遇塌方，汽车被卡在塌石间不能动弹，小蒋满脸是血卧倒在地，生死不明，再看行驶在前面体积较小的 8 辆嘎斯车已无踪影。我当时唯一想到的就是赶快向前面的车呼救，于是就沿公路向上飞跑，猛追前面的车队。同志们听到我的呼救声立刻停车，随即与我飞奔而下，看到大道奇卡车被垮塌石头卡住，但后轮的外胎已脱离公路吊在悬崖上。同志们迅速将头部受伤的小蒋和左腿流血的我扶上车，由汽车连的连长急送泸定县医院，由汽车连的指导员在后边处理悬在崖边上的卡车。

车子载着我们颠簸半个小时爬上了 2900 余米的垭口后，沿着蜿蜒的盘山公路下行约 1 个小时，终于到达了红军长征飞夺泸定桥所在地的泸定县医院。医院要我们住院治疗，我不愿住院，医生为我进行包扎后，第二天我就随队出发了。

扎溪卡大草原遭罕见冰雹雨袭击

在甘孜兵站休整时，前后方司令部共同商定了我们的进军路线，即车队将我们送到当时川藏公路的终点——玉隆草原，物资器材改用牦牛驮运，经石渠县进入青海省称多县，渡过通天河，向西北沿三江发源地的巴颜喀拉山南侧，经过唐古拉山与三江源头之间的风雪高寒地带，翻越唐古拉山口经那曲(黑河)直到前方司令部所在地拉萨。

7 月 29 日，我们到达玉隆草原，后方司令部已在那里准备好 1000 多头牦牛等待运送物资器材。当地进步藏族头人夏格刀登带领 40 多位藏胞承运。在气象仪器中，有一支十分精密、稀少、贵重的水银气压表，运送过程中不能震动、不能倒置、不能斜放、不能受潮受热，不能用牦牛驮运它，要求具有高度责任心和耐心的人，小心翼翼地背着它翻山涉水步行数千里，万无一失地送到拉萨。带队领导将这一重要任务交给我和上海籍战士承担。

行军400余千米，经过了四川海拔4200米的石渠县城后，一天中午队伍正行进在扎溪卡大草原中，碧蓝的天空突然飘来大片翻滚的乌云，刚到头顶就狂风大作，状如米粒、豌豆、鹌鹑蛋、乒乓球般大小不等的冰雹密集地向我们的队伍袭来。我背着气压表赶紧双手抱头原地站立、任凭冰雹砸打，队伍中的牛马羊狗随即被打得狂奔乱跳、怒吼吠叫，大部分驮子被抛落在方圆好几里的草地山岗。大约20分钟时间就雹停风歇，但有的地面已堆积起厚达10余厘米的冰雹。经冰雹这么一袭击，整个队伍只好停下来，搬驮子、寻牲畜、找失物，足足忙了一个多小时。当找回大部分驮子、牲畜、失物后还顾不上休息，忽然冰雹洪流暴发，直冲堆放的驮子而来，大家又投入了转移驮子的战斗。

告一段落后，大家这才你看看我、我瞧瞧你，发现一个个都被冰雹打得鼻青脸肿、血迹斑斑，人畜都不同程度地受伤。我的双手也被冰雹砸伤、鲜血直流，经检查幸好水银气压表未受损。次日，队伍又出动寻牛羊、找失物，结果一头牦牛失踪，一些零星物品无法找回。经此一劫，一些驮子破损不堪，更为严重的是随队携带的电台被损坏而不能使用，自此与前后方司令部失去联系。

费时7天渡过通天河

进入青海省称多县后，沿途河流密布，河床落差大。走了大约50余千米，一条宽约百米、波涛汹涌的河流横在队伍的面前，我们到达了《西游记》中孙悟空大战水怪的通天河边。通天河两岸多间断性悬岩，沿河不见桥梁，也不见船舟，用河水洗手，寒透筋骨，同志们戏称："我们都是孙悟空了，要过通天河，看谁道法高？"负责承运的藏胞经过两天奔波，终于寻得7只面积各约3平方米、可容约1立方米的圆形牛皮船，于是我们组织部分人员和生活品开始渡河。在渡河过程中，首先遇到的是船在河中打转、难以靠岸的难题，船上和岸上的人干着急使不上劲，费了九牛二虎之力好不容易方得靠岸。而有的船在河中船体漏水，水位将达船沿，眼看着就要沉船，经船上岸上齐努力，好不容易才避免了沉船。全部牛马和大部分狗羊都是泅渡过河。全队

人马前后经过 7 天的努力，才全员渡过河，幸好人、财、物无一损失，藏族
同胞伸着舌头认为是佛神保佑我们安全过河的。

穿越三江源腹地

渡过通天河后，大队人马在草原经过几天的行程，先后穿过土墙区、帐
蓬区后进入青海三江源区。三江源区地处青藏高原腹心地带，是长江、黄河、
澜沧江三大河流的发源地。进入三江源区腹地后，除了不时映入眼帘的丰美
水草、星罗棋布的湖泊、从未见过的野生动物等使我们感到新奇外，前行没
有方向感难以选择线路、恶劣的气候也给我们造成行军困难，只能靠指南针
和太阳方位向西行。一天，大队人马沿山沟进发，行进约 10 千米，牛群突然
自动停止前进。一看，前面是约百米的深谷，已无去路，而牛群逐渐聚集，
拥塞不堪，十分混乱，险情百出，我们费了很大力气才将畜群疏导倒退到早
晨出发地的附近。次日改道围绕沼泽地前进，走了半天，竟然又走到早晨的
出发地。

过三江源，恶劣的气候让我们备受煎熬。因空气稀薄，气压很低，队伍
中常有人出现气喘、心跳加快、头昏呕吐的症状。遇到风雪交加的天气，晚
上捆紧被褥一端，将四肢紧缩成一坨，御寒效果较好。这是向藏胞学来的，
名曰"睡秤砣觉"。

我们常常遭遇 10 级以上狂风的侵扰。一次，狂风将一位新兵吹倒，随之
又将他背的枪吹下悬崖，全队被迫停下，找了一天才把枪找到。另一次，在
澜沧江源头处，突然遭遇十一二级大风，当大家正围观源头时，一位贵州籍
小战士去俯视源头窟流，一不小心，毛皮帽被风吹跑，酷似踢出的足球，飞
滚而去，转眼间就不见了踪影。该战士只好用红色绒裤包头御寒。大家戏称
他变成了一位藏族大姑娘了，逗得人们捧腹大笑。

胜利到达西藏首府拉萨

从甘孜出发时，后方司令部为队伍配备了 3 个月的粮油盐菜（干）。但 3
个月后还行进在中途，此时已粮尽、油光、盐完、菜无。不得已向同行藏胞
购买牛羊肉煮熟吃，连续吃几天后，新问题又来了，一些同志出现口腔红肿、
起泡、溃烂，苦不堪言，于是就挖野菜或违俗拦沟捉鱼维持生活，同时学吃

生牛羊肉，偶尔向同行藏胞买点糌粑，这样连拖带饿达一个月有余。

跨过三江源后，全队人马用尽了九牛二虎之力，总算翻越了"吞食"不少人命的唐古拉山口，到达向往已久的、海拔 4500 米的黑河兵站。这时，我们这支与前后方司令部完全失去联系长达 4 个月之久的队伍，在长期强烈的太阳光辐射下，个个如非洲黑人，加上长期不理发、未修面，大家犹如一群原始人。

1953 年 12 月 30 日，经过 5 个月的艰苦步行，我们 15 名队员（黑河留下了 4 人）胜利到达西藏首府拉萨，受到军区首长和同志们的热烈欢迎。我和上海籍战友背了 5 个月的第一支到达拉萨的水银气压表，也完好无损地交给了前方司令部通讯处首长手中，并被安装在了拉萨气象站。

1954 年元旦后，我与 3 名战友被分配到位于布达拉宫前面的前方司令部通讯处（后为拉萨气象站），由我任观测组长。和我一块儿背气压表的上海籍战友等 11 人，被分配到各地建气象站去了。拉萨气象站新增 4 位主力后，氢气球天天升空，探测高空气象要素的变化。水银气压表、温度表所测的气象数据，被定时发往西南军区气象处，用于分析预报万里高原的风云变幻，为年轻的人民空军征服世界上海拔最高、面积最大的空中禁区发挥着引路作用。

（原文刊载于《气象知识》2011 年第 5 期）

◎◉。 作品点评

作者通过朴实的语言，为我们讲述了一个自己亲身经历的非常感人的真实故事，对年轻的读者具有很大的教育意义。在 50 多年前，不过一支小小的水银气压表，就被认为是"十分精密、稀少、贵重的"仪器，现在的年轻气象人会觉得实在不可理解。看看现在的西藏，气象卫星、多普勒雷达、大型计算机样样都有，自动气象站更是遍布全区各地，这是多大的变化啊！当年，气象前辈们却是冒着生命危险，历经艰难险阻，跋山涉水，顶风冒雪，风餐露宿，忍饥挨饿，历时 155 天才走到拉萨，是多么的不容易啊！一路上，他们表现出来的革命精神、吃苦耐劳精神、敬业奉献精神都会深深地打动读者、教育读者。

蓝天保卫战：雾霾多发启动 $PM_{2.5}$ 监测之旅

◉ 文/刘文静

2011 年入秋以来，多地频发的雾霾天气将 $PM_{2.5}$ 推向了舆论的风头浪尖。这一原本生僻的科学术语迅速走红，并且成功入围 2011 年度中国社会热词。

其实 $PM_{2.5}$ 由来已久，早在 1997 年美国便提出了 $PM_{2.5}$ 的标准。到 2010 年底，美国和欧盟一些国家将 $PM_{2.5}$ 纳入国标并进行强制性限制。那为何最近 $PM_{2.5}$ 才在中国引发强烈关注？我们离全面监测公布 $PM_{2.5}$ 到底有多远？城市发展与环境保护的平衡之路在哪里？

雾霾多发惹空气质量热议　$PM_{2.5}$ 进入公众视野

秋冬季一直是我国雾霾多发季节，不过 2011 年入秋以来的雾霾似乎比往年来得更多一些，关于空气质量的抱怨也更强烈一些。

据气象部门统计，2011 年入秋以来我国中东部地区雾霾天气确实偏多，先后共发生 12 次较大范围的雾霾天气过程，并具有雾霾日数多、影响范围广、时段集中等特点。与常年同期相比，河北中东部、天津、安徽中东部、江苏大部、湖南西南部、广西大部和广东西部等地雾霾日数偏多 5～20 天，局部偏多 20 天以上。

雾霾天气多发导致北京、上海等多个城市空气污染加重，甚至出现短时间的重度污染。微博上"喝西北风都会中毒"、"呼吸都觉得鼻子疼"的说法广为传播，打上了"防 $PM_{2.5}$"标签的口罩、空气净化器成为畅销商品。一场大雾来临，满地的"口罩哥"成了颇为壮观的城市一景。从 2011 年 11 月 14 日南京市气象局官方微博首次公布当地 $PM_{2.5}$ 超标，到 12 月 4 日美国驻华使馆发布北京的 $PM_{2.5}$"爆表"，$PM_{2.5}$ 颇为高调地走进了人们的视野。一时间，人们谈

$PM_{2.5}$色变。

中国气象科学研究院大气成分研究所副研究员王亚强说："雾霾天气多发，老百姓的直观感受就是空气质量变差了，但环保部门公布的数据却没有反映出这种感受，加上美国大使馆公布北京$PM_{2.5}$'爆表'与环保部当天公布的空气'轻微污染'说法相去甚远，引发诸多争论，$PM_{2.5}$必然要火一把。"况且$PM_{2.5}$对人体健康危害很大，随着生活水平提高，人们越来越重视环境和空气质量，必然也会越来越关注这些问题。

$PM_{2.5}$危害不容小觑

气象专家表示，以前我国环保部门《环境空气质量标准》监测的项目主要是可吸入颗粒物PM_{10}（大气中直径小于或等于10微米的颗粒物），随着污染越来越严重，很多更细小的污染物产生，PM_{10}的监测不足以全面反映空气质量，需要$PM_{2.5}$来反映这些更细小的污染物。

越小的颗粒对人体的危害越大，同时对降低能见度、加重雾霾天气的作用也越大。$PM_{2.5}$容易被吸入人体，而且会直接进入支气管，干扰肺部的气体交换，引发包括哮喘、支气管炎和心血管方面的疾病。这些颗粒还可以通过支气管和肺泡进入血液，其中的有害气体、重金属等溶解在血液中，对人体健康的伤害更大。

在降低能见度上，$PM_{2.5}$的作用也不可忽视。根据《2010年灰霾试点监测报告》，在灰霾天，$PM_{2.5}$的浓度明显比平时高，$PM_{2.5}$的浓度越高，能见度就越低。

$PM_{2.5}$污染的加重还会使雾霾天气增多、持续时间增长。首先，霾本身是由灰尘、硫酸、硝酸等颗粒组成的污染物，而$PM_{2.5}$的成分也主要是灰尘、硫酸盐、硝酸盐、铵盐等气溶胶及黑碳、有机碳等碳类。$PM_{2.5}$的增多就表示空气中颗粒物的含量增多，灰霾天气自然会加重。

其次，对雾来讲，它的形成需要有凝结核。凝结核其实就是小的颗粒物，再干净的大气中总会有颗粒物的存在，所以会形成雾滴。不同的是，由于人为原因颗粒物的排放越来越多，形成的雾滴也会越来越多，雾的范围更大、持续时间更长。

除了对人体健康及能见度等方面的危害以外，$PM_{2.5}$超标对农业也有不利影响，有研究表明，灰霾天气太多，农作物减产可达25%。气象专家认为，对农作物的影响应该是间接的，比如在污染严重的时候，会影响太阳辐射，不利于农作物吸收太阳光等。

PM$_{2.5}$监测公布离我们还有多远

随着民众抱怨和舆论质疑日盛，环保部门针对 PM$_{2.5}$ 展开了系列行动。2011 年 11 月 16 日，《环境空气质量标准》向全社会第二次公开征求意见，新标准在基本监控项目中增设了 PM$_{2.5}$ 年均、日均浓度限值，这是我国首次制定 PM$_{2.5}$ 的国家环境质量标准。12 月 5 日，征求公众意见截止，新标准拟于 2016 年全面实施。

对于 4 年的实施时间公众纷纷质疑，在广州、上海、南京等地已经监测过 PM$_{2.5}$ 的前提下，似乎并不存在技术难题。甚至不少学者提出，从 PM$_{10}$ 到 PM$_{2.5}$，意味着蓝天"门槛"的提高和现有空气质量的达标率下降，这才是 PM$_{2.5}$ 标准"难产"的原因。据了解，按照世界卫生组织的标准，加入 PM$_{2.5}$ 后，中国空气质量达标的城市将从现在的 80％下降到 20％。

在美国和澳大利亚环保部门的网站上，对于 PM$_{2.5}$ 标准的制定过程有非常详细的备忘录。美国从 1997 年发布标准到 2000 年全国监测常规化花了两三年的时间。澳大利亚 2003 年发布非强制标准，随后即开展全国监测。

对于民众的质疑，环境保护部科技标准司负责人作出回应表示，监测技术本身的确不难，但如果要全面监测，每个城市都要进行仪器设备购置安装、数据质量控制、专业人员培训、财政资金支持等大量准备工作，因此，目前在全国范围内立即开展 PM$_{2.5}$ 监测工作还有一定难度。

中国的 PM$_{2.5}$ 强制标准于 2011 年征求公众意见，拟于 2016 年实施。"实施"的含义应该是指开展常规监测并公布结果，考虑到中国的国情，延后几年"实施"确实有其合理性。

PM$_{2.5}$监测之旅　各地在行动

那 PM$_{2.5}$ 在中国各地的监测是否都会成为相距甚远的期盼呢？环境保护部环境标准研究所所长武雪芳表示，2016 年开始实施新标准，是考虑了我国各地空气质量以及我国区域经济发展水平不均衡的国情而给出的"关门时间"，并不意味着各地实施标准都要拖到这一时间点，鼓励各地自愿提前实施。其中，京津冀、长三角、珠三角三大地区及 9 个城市群可能会被强制要求先行监测并公布 $PM_{2.5}$ 的数据。目前，上海、广州、南京、青岛等城市意在先行，对于 $PM_{2.5}$ 的监测展开了准备，甚至有望在 2012 年推行新标准。

作为较早开展 $PM_{2.5}$ 研究监测的城市，上海在 2012 年有望率先推行 $PM_{2.5}$ 空气质量监测标准。据上海环境监测中心介绍，上海早在 2000 年便开始了 $PM_{2.5}$ 研究和监测试点工作，目前技术部门主要在做技术的比对，包括了解不同方法之间的误差以及如何向公众表达清楚等工作。

广州市环保局在 2011 年 12 月 13 日下午的发布会上透露，广州 $PM_{2.5}$ 监测工作已进行，不会坐等 2016 年才开始监控、公布数据。广州市共设立空气质量自动监测国控点 10 个，各区、县级市自动监测站点 28 个，从 2000 年开始对 $PM_{2.5}$ 进行手工采样，2009 年启动了 $PM_{2.5}$ 监测。

此外，据报道，青岛市计划从 2012 年开始在 7 区 5 市范围内启动 $PM_{2.5}$ 监测点的逐步布控。青岛市现在有 23 个空气质量监测子站，$PM_{2.5}$ 的布控并不是按照 23 个点逐点布控，灰霾监测仪器的安放仍需要进一步规划。青岛市环保局有意在全市范围内建立立体监测网络，如果再加上 $PM_{2.5}$ 等数据的监测，市民可在不久的将来收听"灰霾天气播报"。

小结：探索城市发展与环境保护的平衡之路

一场争论之后，$PM_{2.5}$ 终于要纳入标准了，如何达标又成为人们关注的焦点，但专家表示，这将是一个更有难度、更持久的过程。在经济高速增长的过程中去解决 $PM_{2.5}$ 的问题，全世界都少有先例。近年来，我国的城市化速度和经济发展速度加快，污染问题也因此在极短时间内集中爆发，各种污染交织。以煤炭为主导的能源结构、快速增长的机动车数量、日益提高的人民生活水平……这些难以改变的现实，令"打击"$PM_{2.5}$ 格外困难。而北京、上海等大城市减排最大的难度，就是处理好城市发展与环境的关系。从 1998 年的北京"蓝天"计划，到 2005 年的首钢搬迁，北京等各大城市探索城市发展与环境保护的平衡之路一直在进行。然而要真正实现转变发展方式、调整经济结构、用绿色发展之路换蓝天，仍然任重而道远。

（原文刊载于《气象知识》2012 年第 1 期）

◎◎。 作品点评

　　本文针对与广大读者切身利益相关的"PM$_{2.5}$与雾霾关系"问题，较全面地介绍了相关知识，并发出呼吁。这对于我国尽早实施治理雾霾方案无疑会起到宣传和促进作用，可引起社会普遍关注环境问题。

古诗词中的气象学
——漫谈地方性气候

● 文/蒋国华

在我国一些地区，一年中某一特定时期总是会出现某种天气特征，成为一种地方性气候。最为熟知的例子就是长江中下游地区的梅雨了。梅雨时节，阴雨连绵，连日不断，因此时正值梅子成熟，所以称为"梅雨"。许多诗词都涉及梅雨，如宋代赵师秀《约客》：

约　客
黄梅时节家家雨，青草池塘处处蛙。

有约不来过夜半，闲敲棋子落灯花。

夏天的某一个夜晚，约客久等不至，窗外是连绵的细雨，青蛙呱噪声不时从青草池塘处传来，作者在百般聊赖之中，唯有"闲敲棋子落灯花"。"家家雨"极言梅雨时节雨水之多。

梅雨天气是长江中下游地区所特有的，但它的出现却不是一种孤立现象，是和大范围的雨带南北位移息息相关的，梅雨天气就是因为雨带停滞在这一地区所致。这条雨带又是怎样产生的呢？每年从春季开始，暖湿空气势力逐渐加强，从海上进入大陆以后，就与从北方南下的冷空气相遇。由于从海洋上源源不断而来的暖湿空气含有大量水汽，于是，这里就形成了一条长条形的雨带。如果冷空气势力比较强，雨带则向南压；如果暖空气势力比较强，雨带则向北抬。但初夏时期在长江中下游地区，冷暖空气旗鼓相当，这两股不同的势力在这个地区对峙，互相胶着，展开一场较为持久的"拉锯战"，因而就形成了一条稳定的降雨带，造成了这种绵绵的阴雨天气，停滞在长江中下游地区。这就是江南地区初夏季节梅雨形成的原因。

持续连绵的阴雨，温高湿大，经常出现衣物发霉现象，也是梅雨季节的主要特征。李时珍在《本草纲目》中说："梅雨或作霉雨，言其沾衣及物，皆出黑霉也。"笔者南京求学时，每当梅雨季节，所用毛巾如果晾晒不佳，十天半月之后便如米汤泡过一般，甚至搓洗之下会呈"心似双丝网，中有千千结"状。梅雨时节在长江中下游地区生活过的人，一定与我一样有切身感受。

梅雨季节，细雨绵绵，连月不开，淅淅沥沥，在心头漫溢，唤起不少文人墨客的愁思。如贺铸《青玉案》：

青玉案

凌波不过横塘路，但目送，芳尘去。锦瑟华年谁与度？月台花榭，琐窗朱户，只有春知处。碧云冉冉蘅皋暮，彩笔新题断肠句。试问闲愁都几许？一川烟草，满城风絮，梅子黄时雨。

这首词通过对暮春景色的描写，虚写相思之情，实抒郁郁不得志的"闲愁"。"试问闲愁都几许？一川烟草，满城风絮，梅子黄时雨"，叠写三句，极言愁绪之多、之广、之长，兼兴中有比，韵味悠长，为传诵一时的名句，贺铸也因此获"贺梅子"的雅称。

一般而言，我国长江中下游地区的梅雨约从 6 月中旬开始，7 月中旬结束，也就是出现在"芒种"和"夏至"两个节气内，长 20～30 天。"小暑"前后起，主要降雨带就北移到黄淮流域，进而移到华北一带。长江流域由阴雨绵绵、高温高湿的天气开始转为晴朗炎热的盛夏。但天有不测风云，老天爷并不总是按规律出牌的，梅雨有时早有时迟，有时长有时短，甚至个别年份还会出现空梅。

气象学上，通常把"芒种"以前开始的梅雨，统称为早梅雨。早梅雨时，由于在梅雨刚刚开始的一段时间内，从北方南下的冷空气还是比较频繁，因此，阴雨天气开始之后，气温还比较低，甚至有时会有"乍暖还寒"的感觉，也就没有明显的潮湿现象。此后，随着阴雨维持时间的延长，暖湿空气加强，温度逐渐上升，湿度不断增大，梅雨固有的特征也就越来越明显了。早梅雨往往呈现出两种情形。一种是开始早，结束迟，甚至拖到 7 月下旬才结束，雨期长达 40～50 天，个别年份长达 2 个月。另一种是开始早，结束也早，到

6月下旬，长江中下游地区就进入了盛夏，由于盛夏提前到来，常常造成长江中下游地区不同程度的伏旱。

同早梅雨相反的是姗姗来迟的梅雨，气象学上通常把6月下旬以后开始的梅雨称为迟梅雨。由于迟梅雨开始时节气已经比较晚，暖湿空气一旦北上，其势力很强，同时，太阳辐射也比较强，空气受热后，容易出现激烈的对流，因而迟梅雨常常多雷雨等强对流天气。迟梅雨的持续时间一般不长，平均只有半个月左右。不过，这种梅雨的降雨量有时却相当集中。

特长梅雨是指那种持续时间特别长的梅雨，如1954年，梅雨期维持2个月之久，并不时有大雨、暴雨出现，导致当年我国江淮流域出现了百年一遇的特大洪水。当然，像1954年那样的特长梅雨，是极为罕见的。

与特别长的梅雨完全相反的是，有些年份梅雨非常不明显，它像来去匆匆的过客，在长江中下游地区停留十来天以后，就急急忙忙地向北去了，这种情况称为短梅。更有甚者，有些年份从初夏开始，长江流域就一直没有出现连续的阴雨天气，本来在梅雨时节经常出现的衣服发霉现象，也几乎没有发生。这样的年份称为空梅。

在梅雨季节，能够遇上几天晴好天气，就像久旱遇甘霖一样，心情都是轻快舒畅的。如宋代曾几《三衢道中》：

三衢道中

梅子黄时日日晴，

小溪泛尽却山行。

绿阴不减来时路，

添得黄鹂四五声。

三衢即三衢山，在今浙江省衢州市。赵师秀作《约客》时在杭州。衢州与杭州，同属浙江，纬度相近，为什么一个"家家雨"，一个"日日晴"呢？这正是因为梅雨不单有正常梅雨，还有早梅雨、迟梅雨、特长梅雨、短梅雨，个别年份还会出现空梅。梅雨时节"日日晴"，诗人心情舒畅，于是"小溪泛尽却山行"，潇洒走一回了。

与梅雨有关的古诗词还有很多，如：

梅　雨

南京西浦道，四月熟黄梅。湛湛长江去，冥冥细雨来。
茅茨疏易湿，云雾密难开。竟日蛟龙喜，盘涡与岸回。

——杜甫

梅　雨

梅实迎时雨，苍茫值晚春。愁深楚猿夜，梦断越鸡晨。
海雾连南极，江云暗北津。素衣今尽化，非为帝京尘。

——柳宗元

齐天乐

疏疏数点黄梅雨。殊方又逢重五。角黍包金，草蒲泛玉，风物依然荆楚。
衫裁艾虎。更钗袅朱符，臂缠红缕。扑粉香绵，唤风绫扇小窗午。

沈湘人去已远，劝君休对酒，感时怀古。慢啭莺喉，轻敲象板，胜读离
骚章句。荷香暗度。渐引入陶陶，醉乡深处。卧听江头，画船喧叠鼓。

——扬无咎

华西秋雨也是我国非常典型的地方性气候。华西秋雨是指我国西部地区
秋季多雨的特殊天气现象，主要指渭水流域、汉水流域、川东、川南东部等
地区的秋雨。秋季频繁南下的冷空气与停滞在该地区的暖湿空气相遇，使锋
面活动加剧而产生较长时间的阴雨。平均来讲，降雨量一般多于春季，次于
夏季，形成一个次极大值。在水文上则表现为显著的秋汛。

唐代诗人李商隐早期因文才而深得"牛党"令狐楚的赏识，后因"李党"王
茂元爱其才而将女儿嫁给他，他因此而遭到"牛党"的排斥。此后，李商隐便
在牛李两党争斗的夹缝中求生存，辗转于各藩镇当幕僚，郁郁而不得志。诗
人客居巴蜀时，抓住当地秋季多雨这一气候特征，写下千古传诵的名篇《夜雨
寄北》，表达了他对远方妻子与秋水共涨的思念和急切思归的心情。

夜雨寄北

君问归期未有期，巴山夜雨涨秋池。

何当共剪西窗烛，却话巴山夜雨时。

"巴山"是指大巴山脉。"巴山夜雨涨秋池"说明华西秋雨雨量大，积水涨
满了塘池。

　　这首《夜雨寄北》和王维的《相思》，是笔者最喜欢的两首爱情诗。那种隔空相思、长相守望的爱情，与"执手相看泪眼，竟无语凝噎"一样缠绵悱恻，又与"执子之手，与子偕老"一样温情脉脉。虽不能以我手牵你手，但却能以我心暖你心！穿越千年时空，读之依旧有暖暖的感动。

　　此外，我国还有一些比较有特色的地方性气候，如"雅安天漏""蜀犬吠日"以及我国南方的"回南天"等，只是影响和名气不如梅雨和华西秋雨那么大罢了。

　　雅安位于四川省西部，东邻平畴千里的四川盆地，西接号称世界屋脊的青藏高原，为盆地到高原的过渡地带。雅安的地形兼有"迎风坡"和"喇叭口"特点，常受高原西来气流和盆地暖湿气流的交互影响，加之太平洋偏南气流输送的水汽，不但雨日多、雨时长，而且雨量大。雅安年均雨日高达 218 天，且有时降水强度大，所以素有"雅安天漏"之称。

　　唐代大文学家韩愈《与韦中立论师道书》说："蜀中山高雾重，见日时少；每至日出，则群犬疑而吠之也。"这便是"蜀犬吠日"这个成语的由来。意思是说，巴蜀之地山高雾大，那里的狗不常见太阳，看到太阳后觉得奇怪，便对着太阳叫。狗因为少见太阳而对着太阳叫，固然有点夸张，但四川盆地四周群山环绕，空气潮湿，水汽不易散开，天空云量多，日照时间少，却是不争的事实。"蜀犬吠日"这个成语现用来表示少见多怪的意思。

　　"回南天"是天气返潮现象，一般出现在春季，主要是由于冷空气撤后，暖湿气流迅速反攻，致使气温回升，空气湿度加大，一些冰冷的物体表面遇到暖湿气流后，容易产生水珠。"回南天"的形成原理跟"露"的形成原理是一样的，只不过是露结在了家里，结在了墙壁、地板和家具上。"回南天"现象在南方比较严重，这与南方靠海、空气湿润有关。在"回南天"时，一些物品或食品很容易受潮，进而霉变腐烂。因此，"回南天"堪称南方的梅雨天气。同时，浓雾也是"回南天"最具特色的天气现象之一，秦少游在郴州所作《踏莎行》有"雾失楼台，月迷津渡"两句，遇到的可能就是"回南天"时的大雾天气。另外，"回南天"时，湿度大，雾气重，人容易感到体倦力乏，甚至会身体不适，广东人喜欢煲祛湿汤与"回南天"不无关系。

（原文刊载于《气象知识》2012 年第 5 期）

◎◎。 **作品点评**

　　本文引用古诗词中有关气象的内容，介绍了江南梅雨、华西秋雨等的地方性降水知识，文章具有知识性和艺术性。标题好像有点局限性，地方性气候不只"梅雨"和"华西秋雨"，题目改为《古诗词中的气象学——漫谈梅雨及其他》似乎更妥。

二等奖获奖文章

世界气象组织与现代气象科学演变大事记

●编译/贾朋群

16—17世纪，温度表和气压计等现代气象观测仪器被陆续发明后，在作出准确的天气预报这一动力驱动下，包括中国科学家在内的全球气象学者开始了广泛的合作。

1780年：德国帕拉提气象学会建成拥有39个站、跨越国家和大陆的气象观测网。

1820年：第一张天气图在莱比锡出现。

1842—1843年：莫里通过与船长签订合同，在自愿基础上用海上观测资料交换其制作的海图，用于指导船长航行，成为国际上公开交换气象资料的始端。

1853年：8月23日，有10个国家（比利时、丹麦、法国、英国、荷兰、挪威、葡萄牙、俄国、瑞典和美国），派出12位代表（主要是海军军官）到布鲁塞尔参加了第一次国际气象会议。这次会议直接促成了20年以后的1873年第一次国际气象大会在巴黎召开和世界气象组织（WMO）的前身国际气象组织（IMO）的成立，为最具广泛意义的国际气象合作奠定了基础。会议的倡导和组织者，是被称为"海洋学之父"的美国海洋学家莫里。

1854年：英国、荷兰成立气象局。

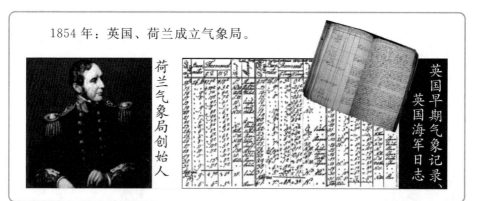

荷兰气象局创始人

英国早期气象记录、英国海军日志

1870年：美国成立天气局。

1891年：第一届各国气象局长会议在慕尼黑举行，国际气象合作走向"半官方"。

1896 年：第一部国际云图集出版。

1922 年：全球首次天气预报广播由 BBC 电台播出。

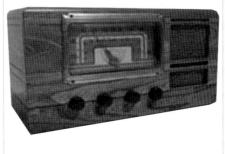

1935 年：第七届各国气象局长会议在华沙举行，IMO 决定邀请政府参加 IMO 会议。

1944 年：天气预报员告知艾森豪威尔将军存在 36 小时的"天气窗口"，二战中盟军完成诺曼底登陆，成为天气预报创造价值的经典事件。

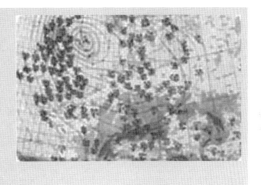

1947 年：第八届各国气象局长会议在华盛顿举行，出席会议的 31 个国家的代表一致批准了《世界气象组织公约》，同年 IMO 成立 6 个区域协会。

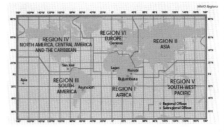

1950 年：《世界气象组织》公约生效，WMO 成立。

1952 年，WMO 设立技术项目。

1961 年：第一个世界气象日，主题为"气象"。

1967 年：WMO 设立"自愿援助计划"，倡导各成员国之间相互帮助，1979 年该计划更名为"自愿合作项目"。

1967 年：第五次世界气象大会召开，大会正式批准了世界天气监视网计划（WWW），成为气象观测资料实时共享的里程碑（图为全球探空站网）；WMO 与 ICSU 共同发起全球大气研究计划（GARP）。

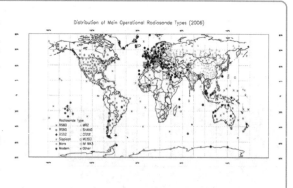

1971 年：第六次世界气象大会召开，热带气旋计划启动（1980 年变为热带气旋项目）。

1972 年：业务水文计划启动。

1972 年：毛泽东主席、周恩来总理等国家领导人批准《关于我国进入联合国世界气象组织的请示》，WMO 经通信表决，中华人民共和国为在该组织的唯一合法代表。

1973 年：叶剑英、李先念等中央领导人批准同意《关于向世界气象组织提供气象情报资料问题的请示》，随后，我国向世界气象组织提供了 392 个气象站资料及有关情报。

1974年：WMO基本系统委员会第六届会议，决定50～59区为中国气象站区号，原台湾地区使用的46区将统一使用新区号。

1975年：第七次世界气象大会召开；中文成为WMO正式语言。

1976年：WMO发布关于大气二氧化碳累计及其对地球气候潜在影响的声明。

1976年：WMO发表第一份全球臭氧状态国际评估。

1978—1979年：全球大气研究计划开展全球天气实验和季风实验。

1979年：第八次世界气象大会召开；第一次世界气候大会召开；世界气候计划和世界气候研究计划启动。

1979年：WMO首次在西班牙开展国际人工影响天气实验。

1981 年：WMO 正式引入基于国家气象服务和开发的长期战略计划制定工作。

1983 年：第九次世界气象大会召开，邹竞蒙当选 WMO 第二副主席。

1985 年：《保护臭氧层维也纳公约》签订。

1987 年：中国气象局局长邹竞蒙当选 WMO 主席，大会通过了关于资料交换问题的声明，即《国家气象局之间应该坚持气象资料的免费和无限制交换的原则》。

1987 年：关于消耗臭氧层物质的《蒙特利尔议定书》签订。

1988 年：WMO/UN-EP 政府间气候变化专门委员会(IPCC)建立。

1989 年：全球大气监测计划建立。

1990 年：第二次世界气候大会(启动全球气候观测系统)；国际减灾十年计划启动；第一次 IPCC 评估报告发表。

1991 年：中国气象局局长邹竞蒙再次当选 WMO 主席。

1991 年：WMO/UNEP 召集第一次联合国气候变化框架协议政府间谈判委员会会议。

1992 年：全球气候观测系统启动。

1993 年：世界水文循环观测系统启动。

1995 年：气候信息和预报服务系统建立；第二次 IPCC 评估报告发表。

2003 年：地球观测系统第一次峰会在华盛顿召开，峰会做出了建立地球观测特设工作组来制定全球综合地球观测系统10 年执行计划的决定。

2003年：WMO授予中国科学院资深院士、中国气象学会名誉会长叶笃正先生第四十八届国际气象组织奖。

2003年：预防和减轻自然灾害项目、空间计划和最不发达国家计划启动。

2004年：第一次广播气象国际会议在巴塞罗那召开。

2004年：地球观测系统第二次峰会在东京召开，会议批准了全球综合观测系统框架文件。

2004年：WMO召开公共天气服务技术会议，强调各国气象局的作用。

2005年：地球观测系统第三次峰会在布鲁塞尔召开，会议批准了全球综合地球观测系统10年执行计划，决定正式成立地球观测组织，在2005年首届地球观测组织全会上，中国气象局局长郑国光当选为联合主席。

2007 年：第四次 IPCC 评估报告发表；IPCC 被授予该年度诺贝尔和平奖。

2007 年：地球观测系统第四次峰会在开普敦顿召开，第一次部长会通过 10 年计划；中国气象局局长郑国光连任地球观测组织联合主席。

2007—2008 年：（第四次)国际极地年。

2008 年：中国科学院院士秦大河获得第 53 届国际气象组织奖。

2008 年：WMO 天气信息服务获得 2008 斯德哥尔摩挑战奖。

2008 年：WMO 发表温室气体评估报告，指出大气中二氧化碳含量达到新的高值。

2009年：第三次世界气候大会在召开，160位国家元首和政府首脑、部长和高级官员与会，一致同意建立全球气候服务框架(GFCS)。

2009年：拟参加2010年上海世博会，成为上海世博会第一个参会的国际组织，世博会157年历史将首次出现WMO馆。

（原文刊载于《气象知识》2010年第2期）

◎◎。作品点评

这是一篇资料性、知识性很强的文献。内容翔实，一目了然，条理清楚，文字简明扼要。读者只需花很少时间，就能了解事件的来龙去脉，不失为科普的一种形式。就该文而言，如能分时期，或者按照学科，列出重要的、有影响的现代气象科学发展节点，那就更好了。

千万年不败的鸽子花

● 文/张加常　钟有萍

　　盛开鸽子花的"中国鸽子树"，英文学名 Davidia involucrata(珙桐)，植物学家称之为"独生小姐""活化石""植物大熊猫"。它隶属珙桐科，为落叶乔木，可生长到 20～25 米高，树皮呈不规则薄片脱落。叶呈广卵形，边缘有锯齿，叶柄长 4～5 厘米。花杂性，由多数雄花和一朵两性花组成顶生的头状花序，单叶互生和在短枝上簇生，花序下有 2 片白色大苞片，长 8～15 厘米，宛如白鸽的一对翅膀。核果紫绿色，花期 4 月，果熟期 10 月。其树贵花美，为我国独有的珍稀名贵观赏植物，又是制作细木雕刻、名贵家具的优质木材。

　　珙桐，是世界上濒于灭绝的、非常珍贵的、我国独有的单型属植物，是我国 8 种国家一级重点保护植物中的珍品。在世界植物史上，它占据了"花魁"的地位。每年四、五月盛花时，满树似白鸽群聚，独特雅丽。微风徐徐吹来，花朵摇曳，如白鸽扇动双翼，欲飞天穹，因而被西方植物学家命名为"中国鸽子树"。

从远古走来的植物骄子

　　从距今 6500 万年前开始，随着恐龙的灭绝，中生代结束，一个新的地质时代——新生代开始了。在这个时代，大量的哺乳动物和被子植物纷纷登场，珙桐正是在这个时期出现在地球上。

　　据科学家考察，当时的气候比现在更为温暖、湿润，这样的条件使植物呈现出一派欣欣向荣的景象。那时候的被子植物基本上都是像珙桐这样的高大乔木，而且分布面积极广，一些现在属于热带和亚热带的植物，那个时候甚至可以深入到北极地区。可以想象，当时珙桐树上美丽洁白的鸽子花一定在地球的许多角落迎风翩翩起舞。

这样的繁荣景象一直持续到距今 180 万年前,这段地球生物的大发展时期被称为新生代第三纪。在第三纪后期,广大的平原地区开始呈现出干旱境况,到了第三纪末期,地球的整体气候逐渐变冷,预示着一场大的变故即将来临。第三纪结束之后,地球的地质时代进入新生代第四纪,从这时候开始,地球上的气候发生了剧烈变化,地球的年平均气温比现在低 10~15℃,全球有 1/3 以上的大陆为冰雪覆盖,冰川面积达 5200 万平方千米,冰厚有 1 千米左右,所以这一时期又被称为第四纪大冰川期。在这样寒冷严酷的环境中,很多植物相继灭绝。这一时期,珙桐和它的家族,与其他的被子植物一样,惨遭厄运,大部分地区的珙桐相继灭绝。随着珙桐树从地球的大部分地区销声匿迹,后来的欧洲学者们只能从化石中一窥其芳容。然而,只有在中国南方如贵州铜仁梵净山等个别地区的珙桐,躲过劫难存活至今,成为植物界今天的"活化石",已经被列为国家一级重点保护树种。

梵净山中翩翩起舞千万年

珙桐喜凉湿气候,其生长环境特点为温凉、潮湿,降雨量大,常有云雾和细雨。年平均温度一般为 12℃,最热月平均温度为 22℃,最冷月平均温度约 1℃,年降雨量在 2000 毫米以上。梵净山国家级自然保护区位于贵州东部铜仁地区的江口、印江、松桃三县结合部,海拔 2572 米,有地球同纬度植被唯一保持最完整的原始森林。梵净山不仅是贵州的第一山,更是武陵山脉的主峰,是屹立于云贵高原向湘西丘陵过渡的大斜坡上的巨人。其古老的山体距今已有 10~14 亿年的历史,是黄河以南最古老的台地。梵净山有 4.2 万公顷原始森林,为多种植物区系地理成分汇集地,植物种类丰富,是我国西部中亚热带山地典型的原生植被保存地。区内有植物种数 2000 多种,其中高等植物 1000 多种,国家重点保护植物有珙桐等 21 种,并发现有大面积的珙桐分布,是世界上罕见的生物资源基因库。

梵净山年平均气温为 5~17℃,1 月平均温度-3.1~5.1℃,7 月平均温度 15~27℃,大于等于 10℃积温 1500~5500℃·日;年平均降水量 1100~2600 毫米,是贵州的两大降雨中心之一;相对湿度年平均 80% 以上,是中国典型的中亚热带季风山地湿润气候特征。梵净山具有气候垂直差异显著、立体层次分明、雨量充沛、湿度特别大、雨日多、多云雾、少日照等气候特点。

第四纪以来，梵净山区一直处于温暖湿润的气候条件下，因其特殊的自然、气候条件，成为多种植物保存和繁衍的场所。梵净山的珙桐树多生长在深沟峡谷两侧，因生长区温凉、潮湿、降雨量大，常有云雾笼罩和细雨绵绵，故而得以长期保存下来。

在梵净山，珙桐常分布于海拔 1000～1800 米的常绿、落叶阔叶混交林带（较为集中区为海拔 1400 米左右），每日承受日照大约比同纬度地区其他植物要短两小时左右。珙桐喜中性或微酸性腐殖质深厚的土壤，在干燥多风、日光直射之处生长不良，不耐瘠薄，不耐干旱。据植物学家考察，梵净山是全世界野生珙桐分布最为集中的地区之一。在世界其他地区几乎绝种的珙桐树，在梵净山却有如此广泛的分布、众多的数量，的确是个奇迹，令人感叹！

西南大旱下依然亭亭玉立

今年(2010 年)，我国西南地区遭遇了历史罕见的旱灾，许多地方的土地全部干裂，灾情极其严重。然而这场灾难对梵净山珙桐树的影响却很微小，因为梵净山依然云雾缭绕、水汽蒙蒙，如同 180 万年前那样，庞大的山体很好地维持了局地小气候环境，保证了珙桐树的生活乐园不会因为旱灾而产生多大变化。据贵州铜仁地区气象局有关科研人员分析，其原因应得益于梵净山独特的自然地理位置、良好的生态环境及其局地小气候。

一是在于梵净山森林茂密，保存完好，覆盖度高达 80％以上，是一个相对平衡的森林生态系统，能调节区域小气候和涵养水源。由于生态植被好，温湿条件也比较好，珙桐生长在其中，受旱程度明显低于平坝地区、开阔地带的植物。

二是在于梵净山的自然环境及森林生态系统基本上没有遭到人为的破坏，保存了较为原始的状态，其自然生态体系是中国亚热带地区极为珍贵的原始"本底"；由于林中枯枝落叶日积月累，在地表形成较厚的腐叶层，使其覆盖下的地表及深层土壤的蒸散程度明显小于裸地，水分亏缺相对较小。

三是梵净山珙桐多数生长在海拔 1000～1800 米的高山地区，一般在冬季 1500～3000 米高度层大气常存在逆温，湿度较大，多云雾产生。根据监测，今年 1—3 月梵净山 1200 米高度上的平均温度在 6℃左右，相对湿度多在

75%～85%之间。因此，在此区生长的珙桐受旱程度较轻，依然亭亭玉立。

祝愿"独生小姐"永远风姿

　　珙桐的发现，对研究中亚热带的区系成分，区系特点，以及起源和系统发育均有重要的科学价值。1869年，法国的神父台维氏来我国考察，在四川境内第一次发现了珙桐，如获至宝，欣喜若狂，一时传扬海外。继而英、美等国不少植物学家、园艺学家，带着浓厚的兴趣，不辞劳苦，千里迢迢来到我国寻觅珙桐树种。1903年，英国园艺公司一名叫威尔逊的人，从我国采得种子后送回繁殖，如今，国外有些公园也栽有珙桐树，用以美化环境。

　　1954年4月，周恩来总理在象征世界和平的城市日内瓦看到瑞士友人从梵净山引种栽培的中国鸽子树，正当盛花时节，美丽异常，受到各国使者赞赏，深为中华民族自豪。回国后，他指示我国林业科学工作者要重视对珙桐的研究和发展。在周总理的关注下，梵净山的珙桐越来越受到重视。贵州省人民政府和铜仁地区行政公署在梵净山成立了专门的机构——梵净山自然保护区管理处，重点加强对珙桐等国家珍稀动、植物的保护和人工科学培植。近年来，其科研已取得了重大进展。

　　在梵净山人迹罕至的深山区，人们要想一睹珙桐树的风采，不经历一番艰难的长途跋涉是办不到的。自20世纪60年代中期以来，国家综考会、贵州省科委等单位先后多次组织专家对梵净山及其包括珙桐在内的珍稀植物进行科学考察。他们曾五次攀越梵净山，经历了150多条山脊河谷，穿越过连绵不断的原始密林，全面勘察梵净山的珙桐树分布。经过多年的不懈努力，确认梵净山区是全世界野生珙桐树分布最为集中的地区之一，共有珙桐树11个片区，总面积达1200亩（1亩约等于666.7平方米）。

　　1999年，国务院将珙桐树列为国家一级重点保护野生植物，而梵净山自然保护区则被联合国教科文组织接纳为全球"人与生物圈"保护区网的成员单位（中国只有五个成员单位），这座钟灵毓秀的仙山为珍稀植物珙桐提供了最好的栖身之所，而美丽圣洁的白鸽花则给梵净山增添了无尽的生机。

（原文刊载于《气象知识》2010年第5期）

◎◎。 **作品点评**

作者从 6500 万年前讲起，介绍了历经不同时期气候变迁，珙桐树的艰难生长史，特别描述了梵净山独特的自然地理位置、良好的生态环境及其局地性显著垂直气候差异对珙桐生存、成长的重大影响，有很强的科学性、知识性。结构合理，内容丰富；语言流畅，可读性强。对如此美好、珍贵的稀有植物，通篇都呼唤人们珍惜，增强保护意识。

诗词中的气象
——漫谈气候与气候带

◉ 文/蒋国华

唐代著名边塞诗人王之涣的《凉州词》脍炙人口：

凉州词

黄河远上白云间，一片孤城万仞山。

羌笛何须怨杨柳，春风不度玉门关。

诗的大意是：黄河从辽阔的高原奔腾而下，远远望去，好像是从白云中流出来的一般；在高山大河的环抱下，一座地处边塞的孤城巍然屹立。羌笛何必吹起《折杨柳》这种哀伤的调子，埋怨杨柳不发、春光来迟呢？要知道，春风是吹不到玉门关外这苦寒之地的！

为什么"春风不度玉门关"呢？这就涉及气候与气候带的知识了。玉门关是古代通往西域的要道，其故址位于甘肃省敦煌市城西北 80 千米的戈壁滩上（它与酒泉的玉门关是两个地方）。相传"和田玉"经此输入中原，因而得名。它是古"丝绸之路"北路必经的关隘。玉门关一带地处内陆腹地，受高山阻隔，远离温暖潮湿的海洋气流，是典型的干旱性温带大陆性气候。干旱性温带大陆性气候有三个明显的特点：一是干燥少雨，蒸发量大；二是日照时间长；三是四季分明，冬长于夏，昼夜温差大。如敦煌年均降雨量只有约 40 毫米，年蒸发量却达 2400 多毫米；每年的日照时数超过 3200 小时；年平均气温为 9.4℃，1 月平均气温为 −9.3℃，7 月平均最高气温为 24.9℃。

诗人抓住当地的气候特征，借景抒情，将戍边士兵的怀乡情写得苍凉慷慨，并用"春风不度玉门关"表达了对戍边士兵深深的同情。

对气候差异描述的诗词还有很多，如清代徐兰所作《出居庸关》。

出居庸关

凭山俯海古边州，旆影翻飞见戍楼。

马后桃花马前雪，出关争得不回头。

这是康熙三十五年(1696年)，康熙皇帝统兵亲征噶尔丹时，徐兰随安郡王由居庸关至归化城，随军出塞时所作。

居庸关在今北京市昌平县西北。"马后桃花"，意谓关内正当春天，温暖美好；"马前雪"，是说关外犹是冬日，严寒可怖。"桃花"与"雪"，一春一冬，前后所见，产生了强烈的视觉冲突，说明了关内关外气候迥异。

不同气候带之间温度的差异

在气候带间温度差异上，唐诗《鹦鹉》、《寒食》作了形象的描述。

鹦　鹉

莫恨雕笼翠羽残，江南地暖陇西寒。

劝君不用分明语，语得分明出转难。

——罗隐

寒　食

二月江南花满枝，他乡寒食远堪悲。

贫居往往无烟火，不独明朝为子推。

——孟云卿

"陇西"是指陇山(六盘山南段别称，延伸于陕西、甘肃边境)以西，旧传为鹦鹉产地。诗人在江南见到的这只鹦鹉，已被人剪了翅膀，关进雕花的笼子里，所以用"莫恨雕笼翠羽残，江南地暖陇西寒"这两句话来安慰它：且莫感叹自己被拘囚的命运，江南这个地方毕竟比你老家陇西暖和多了。

孟云卿是陕西关西人，天宝年间科场失意后流寓荆州一带，在一个寒食节前夕写下了《寒食》这首绝句。寒食节时，江南正值花满枝头春意融融，而作者的家乡还十分寒冷。作者"独在异乡为异客，每逢佳节倍思亲"，且其时处于穷困潦倒之际，不由悲从心来。

陇西与关西同属中温带，江南则属亚热带，一寒一暖，气温差异十分明显。

温度之间的差异，一生游历大半个中国的的"诗仙"李白感触颇为深刻——"五月天山雪，无花只有寒"（李白《塞下曲》）；"黄鹤楼中吹玉笛，江城五月落梅花"（李白《与史郎中钦听黄鹤楼上吹笛》）。农历五月江城（武汉）正值仲夏，梅花花期将过，而地处西北边塞的天山仍旧积雪覆盖，由此可以看出内地与塞外温度差异之大。

不同气候带之间自然生态环境的差异

我国疆域辽阔，东西差异和南北纬度差异比较大，气候差异明显，形成了各具特色的自然生态环境。广大西北地区降水稀少，气候干燥，冬冷夏热，气温变化显著；长江和黄河中下游地区，雨热同季，四季分明；南部的雷州半岛、海南省、台湾省和云南南部各地，长夏无冬，高温多雨；北部的黑龙江等地区，冬季严寒多雪；西南部的高山峡谷地区，依海拔高度的上升，呈现出从湿热到高寒的多种不同气候。

敕勒歌

敕勒川，阴山下，

天似穹庐，笼盖四野。

天苍苍，野茫茫，

风吹草低见牛羊。

——北朝乐府

这首由鲜卑语译成汉语的《敕勒歌》，是一首敕勒人唱的民歌。敕勒是种族名，活动在今甘肃、内蒙古一带，过着"逐水草而居"的生活。阴山就是大青山，在内蒙古自治区中部。《敕勒歌》通过对大草原自然景色景观的生动描述，歌唱了游牧民族的生活。

我国温带草原面积很大，主要在松辽平原、内蒙古高原和黄土高原。温带草原气候是一种大陆性气候，是森林到沙漠的过渡地带。气候呈干旱半干旱状况，土壤水分仅能供草本植物及耐旱作物生长。温带草原气候具有明显的大陆性，冬冷夏热，气温年较差大，最热月平均气温在20℃以上，最冷月平均气温在0℃以下；年平均降水量为200～450毫米，集中在夏季，干燥程度逊于沙漠气候。

唐开元二十五年（737年）河西节度副大使崔希逸战胜吐蕃，唐玄宗命王维以监察御史的身份出塞宣慰，察访军情。王维途中所作《使至塞上》描绘了塞外辽阔壮丽的沙漠风光。

使至塞上

单车欲问边，属国过居延。征蓬出汉塞，归雁入胡天。

大漠孤烟直，长河落日圆。萧关逢候骑，都护在燕然。

萧关是古关名，是关中通向塞北的交通要衢，在今宁夏回族自治区固原县东南；燕然在今蒙古人民共和国的杭爱山，这里代指前线。诗中"大漠孤烟直，长河落日圆"将沙漠中的典型景物进行了生动刻画，历来为世人所称道。如《红楼梦》中，曹雪芹借香菱之口说："'大漠孤烟直，长河落日圆'。想来烟如何直？日自然是圆的。这'直'字似无理，'圆'字似太俗。合上书一想，倒像是见了这景似的。要说再找两个字换这两个，竟再找不出两个字来。"

塔里木盆地属温带沙漠气候。该气候区冬长夏短，气候极端干旱，降雨稀少，年平均降雨量200～300毫米，有的地方甚至更少或多年无降水。如盛产葡萄干和哈密瓜的吐鲁番，年均雨日只有15天，年降水量仅为16.4毫米。夏季炎热，白昼最高气温可达50℃或以上。《西游记》中孙悟空向铁扇公主借芭蕉扇煽灭火焰山的熊熊大火虽属虚构，但火焰山的确有，就在当年唐僧取经路过的新疆吐鲁番盆地的北缘。现在已开发成为旅游景点。笔者于2010年8月27日慕名前往，当时已是下午6点多，但竖立的巨型温度表显示，地面温度居然还有47.5℃！沙漠和草原，分布在我国的内陆，属非季风区。江南处季风区，自然景观又是另外一番景象。

望海潮

东南形胜，三吴都会，钱塘自古繁华。

烟柳画桥，风帘翠幕，参差十万人家。云树绕堤沙。

怒涛卷霜雪，天堑无涯。市列珠玑，户盈罗绮，竞豪奢。

重湖叠巘清嘉，有三秋桂子，十里荷花。

羌管弄晴，菱歌泛夜，嬉嬉钓叟莲娃。

千骑拥高牙。乘醉听箫鼓，吟赏烟霞。

异日图将好景，归去凤池夸。

——柳永

钱塘（今浙江杭州市），从唐代开始便已十分繁华，到了宋代又有进一步的发展。柳永在这首词里，以生动的笔墨，把杭州描绘得富丽非凡。西湖的美景，钱塘江潮水的壮观，杭州市区的繁华富庶，当地上层人物的享乐，下层人民的劳动生活，都一一注于词人的笔下，涂写出一幅幅优美壮丽、生动活泼的画面。相传金主完颜亮听唱"三秋桂子，十里荷花"以后，便羡慕钱塘的繁华，从而更加强了他侵吞南宋的野心。说完颜亮因受一首词的影响而萌发南侵之心，原不足信，但"上有天堂，下有苏杭"的说法由来已久，"钱塘自古繁华"却也并非溢美之词。

描写江南美景的诗词不计其数，也不乏传诵千古的名篇，晚唐时期著名诗人杜牧所作《江南春》绝句当为翘楚。

江南春

千里莺啼绿映红，水村山郭酒旗风。

南朝四百八十寺，多少楼台烟雨中。

柳永词着眼杭州，精堆细砌；杜牧诗放眼千里，凝炼自然，都将江南美景描绘得呼之欲出。人人尽说江南好，难怪南朝诗人谢朓《入朝曲》有"江南佳丽地，金陵帝王洲"之说。

江南为何如此风光秀丽、富庶繁华？应该说与江南一带的气候有着十分密切的关系。江南一带属亚热带季风气候，其主要气候特点是：冬温夏热、四季分明，降水丰沛，季节分配均匀。相对我国北部地区的温带大陆性气候而言，江南气候温暖、降水充沛；相对我国南部地区（这里指海南及南海诸岛、台湾南部、云南南部）的热带地区而言，则四季分明且分配均匀，高温炎热的夏季没有那么漫长。

"请到天涯海角来，这里四季春常在……八月来了花正香，十月来了花不败……" 20世纪80年代，一首《请到天涯海角来》，唱得国人对海南心驰神往。但在古代，海南虽然照样一年四季鸟语花香，但并不见得"宜人"，也并不怎么令人向往，那里是"南荒"之地，是封建帝王贬谪臣子之地。

宋绍圣四年（1097年），苏东坡在62岁高龄被贬谪海南儋州。在谪居海南岛的3年时间里，苏东坡在海南传播中原文化，开启民智，并写下了一百七十多首诗词。这些诗词，有些展现了天涯海角的奇异风光，有些描述了当地的自然景观，有些则反映了当地汉黎百姓的生活。3年后贬归，北渡琼州海峡当晚，写下《六月二十日夜渡海》一诗，回顾了在海南这一段九死一生的经历。

六月二十日夜渡海

参横斗转欲三更，苦雨终风也解晴。

云散月明谁点缀？天容海色本澄清。

空余鲁叟乘桴意，粗识轩辕奏乐声。

九死南荒吾不恨，兹游奇绝冠平生。

"九死南荒吾不恨，兹游奇绝冠平生。"虽是九死一生，但苏东坡并不悔恨，在他看来，这次被贬海南，见闻奇绝，是平生所不曾有过的，是一生中挺有意义的一段经历。

但为什么苏东坡说海南是南荒之地呢？古代把远离中原政治、文化、经济的南方广大地区称为蛮夷之地。海南远离中原，且地处热带，四面环海，为典型的热带季风气候。气候高温(年平均气温在22～26℃之间，最冷月1月的平均气温在16℃以上，潮湿多雨(年均降水量为1500～2000毫米)，四处都是毒虫和瘴气(古代指南方山林间湿热蒸郁致人疾病的气体)，"海外炎荒，非人所居"，这种炎热多雨的气候，北方人多不习惯。

如今的海南自是不可同日而语，充足的热量资源使海南四季温暖，草木不凋，花果飘香，成为全国最大的热带作物基地，冬季果菜基地和全国著名的冬泳、避寒度假旅游区。海角天涯、鹿回头、椰林、海浪、白帆，博鳌亚洲论坛、国际旅游岛，实在是令人流连忘返。

我国还有比较特殊的一类气候——高山峡谷气候。1935年10月，毛泽东主席满怀豪情写下了气壮山河的《七律·长征》。

七律·长征

红军不怕远征难，万水千山只等闲。

五岭逶迤腾细浪，乌蒙磅礴走泥丸。

金沙水拍云崖暖，大渡桥横铁索寒。

更喜岷山千里雪，三军过后尽开颜。

红军长征在四川走过的地方属川西高原，现大渡河边、夹金山脊、大雪山、千里岷山、红原草地都留下了不少红军长征遗迹。川西高原为青藏高原东南缘和横断山脉的一部分，海拔从数百米到数千米，地势起伏大。高原上群山争雄、江河奔腾，且由于其特殊的地理位置，形成了独特的高山峡谷气候，从河谷到山脊依次出现亚热带、暖温带、中温带、寒温带、亚寒带和寒带。如大渡河谷，海拔1000米左右，植被为亚热带常绿阔叶林，为亚热带；夹金山、大雪山、岷山，海拔4000米以上，气候寒冷，山顶终年积雪，为寒带；红原草地在川西北若尔盖地区的高原湿地，海拔3400～3800米，植被主要是藏嵩草、乌拉苔草、海韭菜等，形成草甸，状同草地，为亚寒带。

此外，我国还有高寒气候和热带雨林气候等多种气候类型。青藏高原平均海拔4500米，有"世界屋脊"之称，年平均气温低是其主要气候特征，属高寒气候，这里不但有高寒草原与草甸生态系统，还兼有沙漠、湿地及多种森林类型自然生态系统。热带雨林气候以云南的西双版纳为代表，优越的地理区位和气候使这里保留了丰富的生物物种资源，被誉为"动物王国"、"植物王国"和"物种基因库"。

诗词中关于气候方面的描述还有许多，有兴趣的朋友可以一探幽径。

（原文刊载于《气象知识》2010年第6期）

◎◎。作品点评

我国古典诗词中有许多关于天气、气候方面的精彩描述，反映了自古以来的文人墨客不仅很关注天气气候的变化，而且具备一定的气象知识。欣赏他们的诗词，不仅是美学的享受，还会增加许多天气、气候知识。本文作者通过对古往今来的十首诗词的解析，让我们欣赏了大江南北、长城内外不同的气候风光，更让我们增长了许多气候知识。文章文字流畅、优美；内容丰富、知识点很多。

极端天气谁惹的祸

◉ 文/李泽椿　杨　静

导　读

地球大气是人类赖以生存的主要空间，它给人类提供了合适的温度环境、丰沛的降水资源，农业、林业、畜牧业才得以发展，人们才有足够的食物；它同时给人类一个适宜居住的环境。但是，也有严寒、干旱、暴雨、沙尘等现象发生，产生了严酷的自然条件，给人类带来许多困难。人们必须与之奋斗，求生存。因此，我们必须研究它，利用它的规律，趋利避害、化凶为吉。

最近两三年，我们国家出现了许多异常的天气气候事件。我国极端天气气候事件发生频率和强度变化明显表现在：(1)夏季高温热浪天气增多；(2)区域干旱加剧；(3)强降水增多。极端天气气候事件以及灾害的出现根本上来自于"大气环流的异常"。大气环流是什么？什么是它的正常与异常？产生异常的因素有哪些？本文给予了科学解释。

极端天气谁惹的祸——原因在"大气环流异常"

造成今年(2010年)如此频繁的极端天气事件原因何在？还要从根源上说起，我简单给大家一个非常明确的回答就是"大气环流的异常"。大气环流总有一个正常状态，如果出现异常，在局部地区就会产生极端天气。

例如2008年南方的低温雨雪冰冻灾害。造成如此严重灾害的重要原因就是大气环流的异常变化。在乌拉尔山(它是欧亚两洲的分界线)通常有一个高压脊，在它的右边会有一个低压槽，冷空气走高压脊的右边，从西伯利亚带到我国。2008年冬天，这种环流形势稳定不变，这样就会有一次一次的冷空气从西伯利亚带下来；并且那个低压槽比较深，强劲的冷空气一下子就到达了我国南方；盘踞不动的低压槽使得四次强的冷空气连续下到南方，持续了 10～20 天，导致南方接连不断的冰冻雨雪天气。

大气环流为什么会异常

那么，大气环流为什么异常，什么情况叫正常呢？首先认识一下"大气层的垂直结构"。自地表起随着海拔高度升高，大气层通常分为 5 层：对流层、平流层、中间层、热层和外逸层。随海拔升高，空气变得越来越稀薄，大气压也逐渐降低，进入外太空后，气压接近于零。

我们现在主要关注的，就是"对流层大气"，即海拔高度平均在 12 千米以下的这部分大气层。在赤道地区可以到 18～19 千米，在极地只有 8～10 千米。大气中成云致雨等主要的天气现象都发生在只有海拔高度平均 12 千米左右的"对流层"。所谓对流就是气体能上下流动。因为地面受热，空气就上升，但是到了一定程度，升不上去就会下沉。所以一般我们把围绕地球的大气在全球范围展开的环流运动统称为"大气环流"。"大气环流"是地气系统进行热量、水分等交换和能量转换的重要机制，也是这些物理量输送、平衡和转换的重要结果。

大气环流起什么作用？地球的地轴是倾斜的，地轴绕着太阳转的时候，都是朝着同一个方向倾斜，所以它在不同的位置，太阳直射的区域也发生变化。一会儿太阳照射到北半球，北纬 23.5 度以南的位置；一会儿到赤道，一会儿又到南半球，南纬度 23.5 度以北的位置。所以在南北纬 23.5 度之间，一年中太阳是不断直射、斜射变化，地球收入热量，以维持地球万物的生存。大气运动的根本能源也是太阳辐射能，地球的自转和公转不仅带来了四季，还使得地球高低纬度间产生温度的差异，而太阳辐射能在地球上的非均匀分布，正是大气环流的原动力。

如此一来，赤道地带即南北两半球 23.5 度纬度以内的区域受热最多，空气就上升，上升过后，在高空积累气压大了，就要往南北两极走，大概走到 30 度纬度的时候就要下沉，下沉过后一部分回到赤道，一部分又往北走；而极地呢，由于热量的亏损，不断降温，气体堆积变成高压，它的冷空气就不断南下，这样就形成了"大气环流"。

大气在南北之间的热量交换，导致了水汽的交换，也导致了叫做动量的能量的交换。那么大气环流靠什么交换，靠大气的涡旋。台风就是大气涡旋之一，它带有大量热带的热量和水汽，由于运动就有了动量，就要向北走，否则南北就不平衡了。因此，台风既带来了灾害，也使大气运动得到平衡。由于地球表面的不均匀性，全球的大地形、海陆分布和陆面植被分布的差异，造成了"大气环流格局的不均匀"。

比如海陆分布，海洋的热量积累跟陆地是不一样的。而陆面植被也不均，南方有很多植被，接受热量就缓和了，北边的黄土高原一晒就热。还有一个重要因素是"大地形"，如"青藏高原"。大家想想看，有的气流如果从西边来，爬不过青藏高原，只能从高原两边绕着走，这就叫"绕流"。一般气流是很难爬过青藏高原的，因此，这种环流格局就决定了在北纬30度左右，就有又干又热的下沉气流，所以这个地带都是比较旱比较热，所以有沙漠，如我国甘肃、内蒙古、宁夏一带地区，该地区有大风来袭时，就有可能产生沙尘暴。

特定的大气环流格局，产生极端的天气事件

我们先来认识一个天气系统，叫"西太平洋副热带高压"，简称"副高"。这个系统与我国的天气变化息息相关。副高内部盛行下沉气流，天气晴朗，所以当副高长时间控制某一地区时，往往会造成该地区的高温、干旱。而副高北侧自海洋吹来的西南暖湿气流与自北而下的冷空气遭遇时，就会产生降雨天气。台风一般生成于副高的南侧，移动过程与副高相互影响。

2010年西南地区罕见的干旱也是大气环流发生异常的表现。2009年秋冬季西太平洋副高脊异常西伸，长期控制云南地区，阻断了从孟加拉湾和南海到云南的水汽输送。再加上2009年冬季东亚中高纬度的冷空气活动路径偏北偏东，对地处低纬高原的云南地区影响不大，因此，冷暖空气不能在西南地区上空"相遇"，造成云南、贵州等地降水偏少，干旱愈演愈烈。这就是该下雨的时候不下雨，这就是大气环流的异常，它在特殊地区的异常，导致特殊地区出现极端天气。

我们再来讲一讲"梅雨"天气，长江流域每年6月初入梅，这时候副高脊线位于北纬20~25度左右(正在江淮之间)，北方的冷空气与副高带来的暖湿气流交汇，形成梅雨天气。我国的雨带随着副高脊线的北抬而向北推进，依

次产生华南前汛期降雨、江淮梅雨、华北东北降雨过程。如果副高脊线的北抬有所变化，梅雨就可能比较北一点，或比较南一点。所以大气环流的异常与各种环境变化都有大的关系，特定的大气环流格局会产生极端的天气事件。

"厄尔尼诺"和"拉尼娜"现象是否对大气环流格局有影响

当然也有人要问了，"厄尔尼诺"现象是不是对大气环流有影响？

海洋热容比较大，它的热量吸收和释放都会影响大气的运动。因此，海水温度的偏高或偏低，肯定会导致大气环流运动的格局不一样，也肯定会对中国的天气气候产生影响。宏观地讲，"拉尼娜"现象可能会导致台风形成比较多、比较强，但也不是绝对的。大气的演变规律是极其复杂的。

如何科学应对极端天气灾害

气象部门要在"预"字上下功夫，进一步完善监测预警与服务系统。首先要在意识上下功夫，意识上要做好"监测—预报—警报—服务"这一系列工作。预报要传得出去，传不出去，就用不上。有一次北京下暴雨，预警信息倒是通过手机渠道发出去了，但是很多人却没收到，传不出去还是会出现问题。

其次是气象监测，现在我们国家的气象监测能力是不错的。目前国家有2400多个气象观测站，有30000多个自动观测站，这在过去是没有的。可以说，现阶段我国已形成了一个立体的气象综合探测系统。太空是风云卫星监测，高空是探空气球、飞机探测，地面是地面观测站、海洋观测站、雷达观测等等。

再次是进一步加强"灾害监测—研究—预警—服务"系统体系的建设，尤其是加强"短时临近预报预警"系统的建设和完善。加强地面、加密常规要素的观测，以及了解其影响情况（如：滑坡、泥石流、洪水等）；建立能够及时捕捉台风、暴雨、洪水、泥石流、滑坡、强对流、沙尘暴等极端天气事件和次生灾害的立体观测系统；建议加强山区山地灾害的普查和自然灾害风险区划的编制工作等等。

针对政府部门，就是要加强政府防灾减灾的组织行为，全面规划民生工程建设。

首先，政府应对气象部门的工作给予更多支持。气象部门有较完备的通讯系统和服务网络作保障，因此，不同于其他自然灾害，只要国家对气象事业给予持续的关注和投入，气象部门是可以预报、防范气象灾害的；其投入产出比效益高，效果好。

其次，是要加强部门之间的基础资料共享，提高防灾减灾综合效益。现阶段部门、行业之间的资料封锁，不能全面开放共享，这在很大程度上影响了防灾减灾综合效益的发挥。打破部门、行业之间的资料封锁，既可以做到对灾害发生规律的研究和实时监测的准确判断，又可以形成部门之间的快速联动，更快速、科学、准确地进行灾害防御和灾害救助。另外，对地球环境的现有资料共享，可以使跨学科的研究成果更科学、更准确。建议国家统一规划，统一地球环境资料信息的获取方式，改变目前重复建设，人力与资源浪费的状况。

再次，政府要做好基本建设。开展全国性的灾害普查工作，包括地质状况普查、建筑用地规划、气候状况评价，尤其是乡镇一级的建设用地规划。政府要作为一项大工程开展此项工作，把地方用于形象工程建设的钱优先用于民生安全工程建设。要开展公共避难场所的建设，或开辟现有资源作为灾害避难场所，并告知群众。开展各种主要自然灾害的避难演习，普及紧急情况下的自救、互救知识，建立紧急情况下的应急通讯联络机制，并建立一支当地的应急抢险自愿者队伍。

加强气象科普宣传，指导群众自救。加强了科普知识宣传，群众了解了规律，掌握了避灾自救技巧，是可以自救互救的。

（原文刊载于《气象知识》2011年第1期）

◎◎。 **作品点评**

本文向读者介绍了近年来我国极端天气气候事件发生频率和强度变化情况，指出了极端天气事件以及灾害的出现根本上来自于大气环流的异常，解释了大气环流的定义、大气环流的正常与异常以及产生异常的因素，并就如何科学地应对极端天气灾害，提出了很好的意见与建议。防灾减灾为民众，一言一语总关情。文章作者用通俗易懂的语言，由表及里，从浅入深地分析了极端天气与大气环流的相互关系与影响，确为一篇气象科普的优秀之作。

生态农业的杰作——哈尼梯田

● 文/陈文文

2009年秋至2010年春，一场百年不遇的特大干旱席卷西南大地。滔滔江河水量骤减，涓涓泉水中断涌出，口口水井干涸见底，汪汪水田出现龟裂，片片红土已经绝收。昔日湿润的地方水源已经枯竭，无水可调、无水可引、无水可取，众多百姓靠政府从外地运水救济解渴。

然而，在旱魔肆虐的干旱之地，却有一个地方的人们居然有热水可以沐浴，有清水可以洗衣，有泉水可以泡茶，有溪水可以灌溉。在大旱之季能如此享受珍贵的水，确实让人感到不可思议。这是何方宝地？他们的水来自何方？

这方宝地就是已被中国政府列为申报世界文化遗产预备项目、具有国家级湿地公园称号的哈尼梯田。

哈尼梯田是镶嵌在云南省元阳县哀牢山南部的一颗璀璨明珠，有1300多年的悠久历史，是哈尼人勤劳和智慧的结晶，是中国梯田的杰出代表，是世界农耕文明的模范，具有丰富的多学科价值。哈尼人因地制宜，充分利用"一山有四季，十里不同天"的特殊地理环境，随山势地形变化，坡缓地大则开垦大田，坡陡地小则开垦小田，甚至沟边坎下石隙也开田。经过世世代代的辛勤劳作，哈尼人巧夺天工地在哀牢山创造出了规模宏大、气势磅礴、壮丽独特、令人震撼的生态农业杰作——精美绝伦的哈尼梯田。

最令人称奇的是在大旱之年，哈尼梯田依然波光粼粼。其实，整个哈尼梯田并没有一座水库，珍贵的生命之水来自哈尼梯田的保护神——森林，层层梯田的灌溉之水都是从森林里流出来的潺潺溪流。

哈尼梯田大旱不干的秘密，就是哈尼人成功地建立了"森林—村寨—

梯田—江河"四素共构的人与自然高度协调、可持续发展的良性循环的生态体系。哈尼人首先是在靠近水源的半山上森林的边缘把大山拦腰一切，挖出长长短短的大沟，把从森林里流出的山水全部截到沟中，然后在水沟下面开梯田。在森林和梯田之间，哈尼人修建了自己美丽的村寨。靠近森林，靠近水源，这就是哈尼人选择在半山居住的原因。由于山水终年不断，哈尼人的梯田除秋收后放干田水晒田的短时间外，一年四季都注满了水。这水从上一层梯田流到下一层梯田，层层下流，最后流归到江河中。哀牢山河坝地区蒸发旺盛，水蒸气徐徐上升，在高山区遇冷而凝结成浓雾和充沛的降水，水又重新回到了森林里，储存在土壤中。如此周而复始，永不中断。

山顶上片片森林，山腰中座座村落，山脚下层层梯田。森林里流出的溪水先供村里生活，剩下的流经村庄后用来灌溉梯田，这就是哈尼梯田灌溉体系的奥妙。

哈尼梯田"森林—村寨—梯田—江河"生态体系中最关键的一环是森林。在山高坡陡的哀牢山区，如果没有森林涵养水源，所开之田就会前功尽弃。因此，哈尼人把森林视为哈尼梯田的保护神，将林木细分为神树林、村寨林、水源林，这些树林决不允许破坏，一旦有人违规，惩罚严厉。数个世纪以来，哈尼人铭记"人护林，林养水，水浇田"这朴素而又严谨的科学原理，小心翼翼地呵护着他们的森林。哈尼人一方面保护原生态森林，另一方面通过大规模的退耕还林、荒山造林、封山育林等方式大造人工林。由天然林和人工林组成的绿色水库，为哈尼梯田源源不断地提供了灌溉之水。正是由于多年来哈尼人对森林的完好保护，使得哈尼梯田有了对干旱的"免疫能力"。千余年来虽然经历了不知多少次大旱，但哈尼梯田仍然安然无恙。尽管外面的世界在特大干旱面前很无奈，但在哀牢山的森林里却一片生机盎然，乔、灌、草错落有序，拦截水汽，溪、泉、井各司其责，从来不干涸，湿润的森林土壤甚至可以用手攥出水来，真是令人叹为观止。哀牢山的森林不但涵养了水源，还有效地防止了水灾、泥石流、水土流失等众多令人们头疼的环境问题。哈尼人保护了自然生态、有效利用了自然资源，出色地构建了人与自然完美结合的人居生态环境。

"山有多高，水有多高"这句名言，必须要有"山有多高，林有多高"来支撑。哈尼梯田能够顽强地接受异常气候的考验，在干渴的云贵高原上独领风骚，成为抗御特大干旱的典范，不能不说是森林创造的奇迹。森林"天然储水池"的美称，在这次西南特大干旱面前得到了淋漓尽致的展示。

（原文刊载于《气象知识》2011 年第 1 期）

◎◎。 **作品点评**
....

本文用生动简洁的语言，向读者揭示了哈尼人建立的"森林—村寨—梯田—江河"四素共构的人与自然高度协调的哈尼梯田生态体系。文章一开头，作者就运用强烈的对比手法，描绘了大旱之年，风景这边独好的哈尼梯田，依然溪水潺潺，绿色葱葱。文章用散文诗般的语言，将规模宏大、气势磅礴，壮丽独特，令人震撼的农业生态杰作——哈尼梯田展现在读者面前，热情讴歌了千百年来哈尼人的聪明智慧与辛勤劳作。接着，作者和盘托出了哈尼梯田大旱不干的秘密：哈尼人历经世世代代的辛勤劳作，成功构建了人与自然高度协调、可持续发展的良性循环的生态体系，以及充满智慧的梯田灌溉体系。说出这一切的目的，就在于要唤醒当今社会，广大读者的生态意识、环境意识！赶快行动起来吧，用自己的双手和智慧，创作出人与自然完美结合的居住生活环境，像哈尼人那样！

儿时，我与大气科学有个约定

◉ 文/安　宁

城里的孩子对大自然很难有农村孩子身临其境的感触。比如对气候变化，在城市外衣的包裹下仿佛弱化了人的敏感。但是一旦走出城市来到乡下，你就会有一种置身自然的酣畅淋漓，你长期休眠的敏感触觉会被混合着草香粪香的自然环境同步激发，这时你对"天气"一词的理解会不同既往。

儿时，我每年都会隔三差五地跟随父母回冀中乡下老家。祖父和外祖父都是地道的农民，我跟着他们下地干活时，看到他们总是很留意天气的变化。这也难怪，那时乡下气象信息既不灵又不准，农民主要凭经验预判天气的变化。逐渐地，我也积累了一些物候气象方面的知识，什么"钩钩云，雨淋淋"啦，什么"早雾晴，晚雾阴"啦，什么"云彩向东，一阵子大风；云彩向西，一阵子大雨；云彩向南，大雨翻船；云彩向北，一阵子大黑"啦，我记住了很多。这段经历对于我现在所学的专业正好相宜。

我父亲的表舅住在同村，年纪已经很大，却是个老小孩，特别喜欢跟孩子玩。记得有一次他牵住我的手，指着西北一座山很肯定地对我说："看到了吧，那座山叫'熬鱼山'，那是一座长云彩的山，云彩都从那里长出来！"那天是晴天，我顺着他的手痴痴地朝远处那座山望，再看看天空里飘着的朵朵云彩，我一时间很难将云和山联系在一起。说实话，那些闲散安逸懒洋洋漂浮在蓝天碧海间的云朵，没有一点迹象能够说明是从那座"熬鱼山"浮上来的。不过，"老小孩"的话对我触动很大，我很有一段时间会不由自主地去远眺那座山和回望天上的云，试图"验证"那话的真伪，有很多年我对那座"熬鱼山"充满了想象与向往，但遗憾我至今都没有机会踏近它，只是远远地神往而已。

在农村，有很多机会结识小伙伴。比如邻居家就有一对兄妹，跟我年龄差不多，我每次随父亲回去总能撞见他们。一般是我们刚入院，他们俩就像蘑菇似地从门口冒出来，手里持着我不熟悉又叫不上名字的种种"玩具"。"吉卫！吉平！"我父亲总会热情地喊他们的名字，问他家大人安好，塞给他们几块糖，很快我们就玩到一起了。那些"玩具"自不待说，有一次夏天，——哦，记得就是夏天，他们带我玩一种虫子，那是庄稼地里常见的一种蛹，外皮裹着轮廓分明的蛾。吉卫用指尖捏住蛹的头部，冲它卜问道："山山香，晌午了吗？"那条蛹做个扭腰动作，尾部往一边一甩，吉平吉卫就一阵兴奋，甚至一顿狂笑。吉平也抢过去卜问一遍，直到"山山香"给她一个同样的答案，又是一阵兴奋的笑。他们慷慨地让我也试着玩一次，那条虫在我的手心里躺很久，偶尔扭一下腰，手心痒痒的。接下来，吉卫又卜问道："山山香，下雨吗？"那小虫照例会给出肯定答案。此后我就期待雨会不会真的下起来，但那只是游戏而已，第二天照样是晴空万里。

有一次，吉卫吉平带我去村北沙地玩，软软的沙地脚踩上去很舒服，沙地上是成片的杨树林，干爽的风在林间穿过，树叶莎啦啦地响成一片。我们在一处林间空地坐下来，享受着美妙的感觉。这时我发现一窝蚂蚁在不停地忙碌，蚁窝筑得像炮楼一样高。吉卫吉平凑过来一边用棍子挑开蚁穴一边嘟哝说："要下雨啦！"再往四周寻去，又发现好几窝大大小小的蚂蚁，都在筑窝。"要下雨啦！真的要下雨啦！"他们嘟哝着。我心中浮现一种神奇的感觉，我想到了"山山香"，对他们的话似信非信。快晌午时，天变得闷热起来；午后，块垒一样的云从天边涌来；晚饭用过，东南风起，天上的星辰不知什么时候已被厚实的积雨云覆盖，闪电过后有闷雷传来，紧接着便是倾盆大雨。我禁不住激动起来，觉得世间还有这等奇事，拉着爷爷的手忍不住跳起脚来。问爷爷，爷爷回我一句谚语："蚂蚁垒窝要落雨！"至今我仍牢牢记在心里。

儿童时代是多立志、立大志的年代，但我所有的志向却与气象专业没有一点关涉。那时甚至不知道还有这样一门职业。如今，我却在一心一意、踌躇满志地攻读大气科学！我很难理解高考填报志愿为什么会选择这门专业，或许，与我儿时那段经历有关，也许冥冥中那就是一个约定。在灾害性天气频发的时代，我愿以我的所学为"拯救地球"贡献绵薄微力。

（原文刊载于《气象知识》2011 年第 1 期）

◎◎。 作品点评

　　作者用散文的体裁，通过对儿时的回忆，向读者介绍了我国古代流传至今、妇孺皆知的土法测天谚语，同时，也表达了今后投身气象事业的决心。

极端天气考验高铁速度
——专家解读高铁对天气条件的敏感性

● 文/孙　楠　刘　珺

　　京沪高铁因雷暴雨多次发生事故，高铁一时间被推上风口浪尖。高铁受制于哪些天气因素？采取怎样的措施防范气象灾害，从而在保障人们出行安全有效的同时又能让高铁正常运行？带着这些问题，中国气象报记者采访了中铁 22 集团有限公司总工程师、教授级高级工程师王爱国和中国气象局公共气象服务中心专业气象室主任、正研级高级工程师赵琳娜两位专家，请他们就公众目前普遍关注的一些问题进行了解答。

高铁对气象条件依赖较小，但高速运行仍与天气有一定关系

　　记者：京沪高铁正式开通，使北京与上海之间的往来时间缩短到 5 小时。请简单介绍一下我国目前的高铁网现状及高铁的运行原理。

　　王爱国：高速铁路是指列车运行速度达到 200 千米/小时以上的铁路，具有线路高平顺性和列车运行控制的自动化、智能化等特点，因而其运行速度快、运能大、安全性高。它不仅包括桥梁、涵洞、路基、轨道技术，还包括通信信号、牵引供电、客车制造等多方面技术，是一整套先进技术的集合体。高铁是电气化铁路，列车的动力来源于车顶的受电弓，从高压接触网获得动力。

　　目前，我国高铁网规划了"四横四纵"。"四纵"分别是北京—上海、北京—深圳、北京—哈尔滨、杭州—深圳，"四横"为徐州—兰州、上海—成都、上海—昆明、青岛—太原。其中部分线路已经开通。

记者：**高铁是否会像早期的铁路一样受到热胀冷缩的影响？**

王爱国：我国以前的铁路，每隔一两千米就会设计一个轨缝，用以调整钢轨因热胀冷缩产生的形变。但是高铁采用了跨区间无缝线路技术，加强了轨道的锁定力，将钢轨的热胀冷缩变化转化为轨道的内应力。同时，线路、桥梁的刚度和动力性能均满足要求，比起以前用 50 千克钢轨，改用 60 千克钢轨后抵抗力变大。

记者：**高铁作为一种高效的运输方式，它对气象条件的依赖程度如何，运行中会受到哪些气象因素的影响？**

王爱国：比起航空、水路、公路交通，铁路交通受天气影响的程度最小。在一般雷雨、风、雾、雪等天气下都能运行。

但是，并不能说高铁在任何天气下都能跑，就目前的技术而言，在某些极端天气情况下行驶，并不现实。一味追求任何气象条件下都高速运行，成本将会非常高。

赵琳娜：高铁比起其他交通工具，受天气影响的确稍小。据报道，日本新干线 35 年来安全运送旅客 30 多亿人次，无人身伤亡事故；欧洲高速铁路安全运送旅客 5 亿人次，很少发生旅客死亡事故。

但高铁高速运行与天气仍有密切联系。大风、雷电、暴雨、洪水、冰雹、积雪、积沙、大雾等灾害性天气都可对高铁运行或路基、桥梁、电网等设施产生影响。夏季温度的升高，导致无缝线路长钢轨的纵向压力增大，高速列车通过时也容易发生胀轨，导致翻车事故。

"双路供电"益处大，多项措施防灾害

记者：**早在 2008 年，我国境内的大部分铁路已经改为电气化铁路，当供电受到低温雨雪冰冻灾害影响而变得不稳定时，列车不得不停运。近日，高铁受到雷击导致停运或晚点，作为通过供电运行的高铁线路，怎样避免雷击，保障安全供电？**

王爱国：高铁沿线加设了供电线路，即接触网，并且每 50 千米建有一个牵引变电所，负责供电。特殊之处就在于，相邻的两个变电所互为备用。这种"双路供电"的好处是，如果一个变电所发生故障，相邻两个变电所均可以

继续给线路供电。

接触网上面有一条防雷接地线，保护线路供电安全，但落雷的方向很难断定。

但即使遇到雷击，车内旅客的安全还是能保障的。在遭受雷击的瞬间，变电所会在 0.25 秒内自动跳闸断电，0.5 秒内再一次合闸，重新供电。通过这种瞬间断电就能够保障旅客安全。如果接触网线路被打断，无法通过自动合闸恢复供电，列车内的蓄电池可以应急供电，保障通风、空调及照明设备的运行。此外，在最初设计时，高铁自身的微电子元件就有防雷的要求。

记者：高速列车在以 **300 千米/小时**以上速度运行时，即使是很轻小的障碍物或者外力都可以产生相当大的撞击力。针对这种情况，高铁能够抗击多大程度的风、雨、雪等气象灾害？

王爱国：以风为例，极端风力会对高铁的安全运行造成影响。历年、月最大风速达到 8 级（17.2～20.7 米/秒）及以上的铁路沿线，每间隔 20 千米设置一处风观测设施，并在常年风大的地方建立挡风墙。根据有关研究资料，在无挡风墙的情况下，当风速大于 20 米/秒时，就要限速运行；而在有挡风墙的情况下，当风速在 30～35 米/秒时，也要减速、慢速通过。

铁路洪灾、雪灾不像风灾那样具有突发性，它具有积少成多、循序渐进的规律。铁道、隧道都有一套自身的排水装置，主要是要防止暴雨冲毁路基。对于冰雪灾害，也从设计时就有所考虑，在铁道道岔易结冰处都装有融冰设施，遇到极端暴雨、冰雪时，会根据应急预案限速运行。并且加强人员巡查，以便及时发现问题。

气候可行性论证必不可少，反馈信息利于调度

记者：高铁修建之前，是否必须进行气候可行性论证，以避开气象灾害高发区？

赵琳娜：高铁修建之前，必须进行气候可行性论证。我国是世界上气象灾害最严重的国家之一，在全球气候持续变暖的大背景下，各类极端天气气候事件更加频繁，气象灾害造成的损失和影响不断加重。防御气象灾害已经成为国家公共安全的重要组成部分。

进行气候可行性论证，可以最大程度避开气象灾害的高发区，或提高易击区域的建设标准，从而，增强抗灾能力。以已经开工建设的兰新二线铁路专线为例，其进入甘肃和新疆境内时，要经过著名的烟墩风区、百里风区、三十里风区，历史上曾监测到的新疆境内的最大风速达到过 60 米/秒，大大超过了普通台风的风力强度。因此，在设计阶段、线路选择等多方面必须进行实地监测和气候可行性论证。例如，在前期设计中，在新疆境内拟建铁路沿线上增设了多个气象监测站，在百里风区最大风速点(十三间房站)，向南(下风坡)10 千米附近(最后确定的兰新二线的选址)，平均风速就减小到一半，这将大大提高列车的安全运行性。

王爱国：为避免钢轨因热胀冷缩发生轨道形变甚至是断轨，在轨道施工时就需要在锁定温度范围内进行钢轨锁定，这也要求必须经过前期的气候调查，知道当地的极端温度，才能更准确地锁定轨道。

但是，鉴于现实因素，绕过某一计划区域修路很不现实，更多的是通过修建防护措施加以防护。

记者：高铁沿途的气象监测站能提供哪些信息？在列车运行时，会根据这些信息采取哪些应急措施，以保障人们的出行安全？

赵琳娜：现有气象监测站，可以提供风、温度、雨量、能见度、积雪、雷电及气压、相对湿度等信息。高铁部门可以根据气象部门提供的雨、雪、风等信息，采取沿线检查、电网融雪、降速或停运等措施。

王爱国：高铁沿途建有一些灾害信息采集站点，除了对自然灾害，比如对风、雨、雪、温度等气象要素进行收集，还监控火灾及异物入侵，防止车站发生火灾或者铁轨上出现异物。

这些信息实时反馈到调度中心，调度中心将根据应急预案的要求进行调度，保障人们的出行安全。

后 记

记者在走访铁道科学研究院时发现，高铁在设计时就使用自动喷淋实验装置，模拟出 −70～50℃ 的温度状况，并模拟各种光照强度、降雨、雾化条件，检验温度、风雨等对铁轨及列车的影响。

高铁应对气象因素的影响，在设计之初就有了充分的考虑，但真正避免天气对它的影响还需要一个实践的过程。铁路部门与气象部门有很多合作的科研课题，尽可能地将灾害风险降至最低。

任何交通设备都会存在自身的局限性，对于高铁因天气晚点，我们应多一些理解与宽容，营造一个有利于高铁改进自身技术的环境，让高铁稳健发展。

（原文刊载于《气象知识》2011年第1期）

◎◎。 作品点评

本文针对京沪高铁因雷电、暴雨多次引发事故的实际，通过与专家对话的方式，介绍了高铁这一新生事物的基本知识及其与天气、气候的关系。这篇文章的最大亮点在于贴近现实、关注社会、解析热点。作者运用采访方式，及时地通过科学家之口，对相关方面，解疑释惑，发挥了很好的作用。虽然这种答记者问的方式多用于网络、报纸新闻，但事实证明，对于这类特定的题材，用于刊物也不失为一种很好的方式。读者在关注高铁安全的同时，也了解了许多有趣的专业气象知识。

探访卡若拉冰川

● 文图/王元红

对于卡若拉冰川的倩影,我一直存在着一种向往,每次路过,都有一种冲动,希望能够抚摸她冰清玉洁的肌肤,希望能站在她的面前仔细端详她美丽的容颜,因为她正在一点一点地消退,留给我们的也许就只有记忆了。

是的,在西藏,由于全球变暖,雪线上升、冰川退化已经成为了不争的事实。这一切绝对不是道听途说,而是我亲眼所见,每次经过卡若拉冰川,我的心就会被伤害一次,因为每看一次,她都缩小了一圈。

一般情况下,我们都是路过。包括很多来西藏的匆匆游客,也都只是站在路边,用相机记录卡若拉的美丽。很短的时间之后,就又匆匆的走了。我也一样,由于工作的关系,经常路过,匆匆地一瞥,便分手了,没有机会去更近地目睹她的芳容。

2009 年 7 月 3 日,我和同事在珠穆朗玛峰完成对自动气象站观测仪器的检修,在返回拉萨的路上,途经卡若拉冰川,装备中心主任看时间还早,说:"我们向上爬一爬,争取能够爬到冰川的跟前。"

听到这样的话,我就像一个战士得到了盼望已久的上级的命令,没有丝毫的犹豫,带上我的相机,与主任及两名机务员一同出发了。尽管是夏季,但是,天上布满了云,所以天气并不太热,只是湿度大。4 个人行进的速度比较快,他们前面走,我在后面边走边用相机拍照。冰川被镜头拉近之后,越发地显示出她的美丽。整个巨大的冰川,因为融化,将其千年的积淀一览无余地展现在了相机的显示器上。冰川上一层又一层黄白相间的花纹,让我联想到了树的年轮。冰川也是有年轮的吧,结一层冰,冬天的时候，大风卷来沙尘覆盖一层，来年再结一层冰，再覆盖一层沙尘。这样，很多年下来，冰川就形成了自己的年轮图案，尽管不很规整，但是却透露着历史的沧桑。这样的美丽，走得越近，看得越真。这促使我加快了行进的脚步。

然而，就在我们还有半个小时就能够接触到冰川的时候，下起了雨。起初雨很小，但很快就越下越大。因为害怕冰川由于雨水的冲刷出现松动，从头顶上垮塌下来巨大的冰块，造成意外事故，所以出于安全考虑，我们果断地终止了这次行程，只好原路返回。

第一次的探访并不顺利，半途而废，但这并没有影响我探访卡若拉冰川的决心。

此后，我多次经过卡若拉冰川，依然没有机会一睹她的芳容。

2011年11月初，单位团委组织活动，团委书记来征求我的意见，主题是爬山，原计划就在拉萨的周边举行，希望我能够参加，并为大家拍摄一些值得留存的照片。我来了一句，"除非是去看冰川，否则我就不参加了"。书记说这主意好，于是就定下了这事。

真的决定了，我心中倒多少有点忐忑。虽说冬天西藏的云很少，更别说下雨或者下雪了，但是海拔那么高，我又曾在2008年做过一次心脏手术，冬天的气温低、湿度低、高原气压低，大家的身体能够适应吗？缺乏锻炼的我能够经受住这样高强度运动的考验吗？

困难有，但决心更大，毕竟这是我梦寐以求的事情啊！这是我多年以来的一个愿望，是我这几年来最大的梦想，我怎么能够轻言放弃呢？

2011年11月26日，我们一行18人前往浪卡子境内的卡若拉冰川。值得一提的是，在18位队员中还有一个刚满10岁的孩子，他和我们一起走完了全程，他才是我们最大的希望。

在山脚下，我们吃过了没有热度但依然好吃的牛肉、土豆和饼子，为登山做好了准备。

当日12时20分，我们出发了。刚开始，我们走在相对平坦的草甸上，大家有说有笑，心中荡漾着幸福，脸上洋溢着笑容。

我行进得很慢，尽管有几个同事的速度已经远远超过了我，但我知道在

起初的路平坦而柔软，我们心中充满了喜悦

这样的高海拔地区，我的身体不能贪图快速，只要一点一点行进，目的地总是会达到的。

就在这时，同行的一个女孩脸色发白，气喘吁吁，显然是不适应这样的海拔高度，平时又缺少锻炼，只好由一名组织者陪同她下山。

路还很长，我并没有想着一蹴而就，而是做好了打持久战的准备，并为自己想好了退路，如果能到达冰川，这当然是最理想的，万一达不到，也不强求自己，毕竟我比上一次爬得更高了一些，这就足够了。

13 时 30 分，我最后一个到达了平台，其他的队友已经远远地超过了我。这本来是 2009 年时雪线的位置，但冰川已经退到了更高的地方，所有的人都上去了，我的心却正狂跳不止，我必须停下来，否则可能会出现很糟糕的后果。

在休息了 20 多分钟后，我的体力恢复了。我需要再往前走走，毕竟已经到了这个地方，摸不到冰川，我总会留下遗憾。我选择的道路不是继续直行向上，而是缓慢向侧上方前进，我知道在西边有更大的冰川，位置毕竟要低一些。

确定了自己的行进路线之后，我向西盘旋而上，尽管坡很陡，但是对于小时候放羊经常在山坡上滚爬的我来说并不是难事。

让我非常感动的是，在石头缝里，竟然有一种不知名的植物顽强地扒着石头存活下来。它的水分和养分是从哪里来的呢？我感到很不解，不由敬佩起这种植物。

15时，走走停停一个半小时后，我终于见到了冰川。摸着冰川，内心被这种大自然几百年甚至上千年留下的杰作所震撼。面对这样的冰川，在一阵激动的快门响声之后，我坐了下来。来自人类社会的声音没有了，只有水流声，只有融化的水滴声，只有冰体之间的碎裂声，一切都静了下来，心也静得出奇……

只有站在冰川跟前，你才能感受到她的无限美丽；只有触摸到冰川，你才能感受到一种巨大的心灵的震撼。美景往往为勇者展现，所谓的"无限风光在险峰"，也就是这个意思，只有你经历了艰难险阻，你才能看到别人看不到的美景，你才有别人无法体验的感受。

巨大的冰川像一排排矗立的武士，非常威风。冰体在强烈的阳光照射下，像巨大的玉石般闪闪发亮。心中只有一个词，那就是"震撼"，她确实让我感到震撼。

走近冰川，你会听到融化的水的滴答声，这声音让我感到有些惋惜，再这么急速地融化下去，冰川就会越来越小，离我们越来越远。

融化的水在流动过程中可能出现二次结冰，从而形成巨大的冰柱，最粗的冰柱和一个成人的身体相当。

在冰川跟前，我还听到了"嘎嘣"的碎裂声，那是冰体融化时产生的。有一些巨大的冰体从冰川中倒塌下来，散落成大小不一的冰块，晶莹剔透，很好看，也让人感到惋惜。据我的一位同事说，在20世纪80年代的时候，冰川就在路边，短短的30年时间，冰川就退却了200～400米的垂直距离（路边的海拔为5000多米，冰川退却最高处的海拔达到5400米）。

我还有幸见到了2009年西藏气象局的专家在这里标定的雪线的位置。才过去两年多的时间，冰川向后退却的直线距离已接近40米，这确实让我感到遗憾。这些美丽的冰川也许在十几年、几十年之后就会永远地离开我们。

2009 年 1 月 9 日标定的雪线又往后退却了近 40 米

古人说："五岳归来不看山,黄山归来不看岳。"今人说："九寨归来不看水。"我要说："卡若拉归来不看冰。"不是妄言,那一张张图片就是最好的证据。

西藏的冰川展现的不仅是美丽,她更是西藏乃至全国非常重要的固体水库,一旦消失,我们国家大江大河源头的水就会减少。在瞻仰她的美丽的同时,我们应该深思,更应该行动起来,为保护我们的地球尽自己的一点力量,让美丽留下,让水库永不干涸。

(原文刊载于《气象知识》2012 年第 1 期)

◎◎。 作品点评

"每次经过浪卡子境内的卡若拉冰川,我的心就会被伤害一次,因为每看一次,她都缩小了一圈。""短短的 30 年时间,冰川就退却了 200～400 米的垂直距离"。作者在讴歌西藏乃至全国非常重要的固体水库——卡若拉冰川的同时,也在为它的逐渐"消瘦"而担忧。并呼吁人们"行动起来,为保护我们的地球尽自己的一点力量,让美丽留下,让水库永不干涸。"这是一篇很有现实意义的科普文章。如能增加一点介绍卡若拉冰川的内容,就更好了。

大风预警说风球

● 文/任咏夏

在浙江省舟山市岱山县中国台风博物馆的门口，竖着7根木杆，杆上分别挂着沙漏形、尖顶草帽形、圆球形、T字形、筐子形、正方体形、十字架形的竹制器物；在香港弥墩道通向天文台的山丘小路两旁也分别悬挂着7个相同形状的铁制器物。这就是在近代气象史上服务了100多年的暴风警报风球。

风球是热带气旋警告的信号，也是一种表示风力级别的信号物。它最早出现在渔船的桅杆上，每当大风来临之前，渔民们就在自己的桅杆上升起风球，把大风即将来临的信息传递给一起在大海上作业的渔友们，让大家尽快地收网归港避风，同时也告诉在大海上来往的船只，大风即将来临。

渔民们使用风球避灾的举措提醒了港口和沿海城市的人们，他们在商渔船舶集散密度较高的港口或沿海城市的高处也竖起了高杆，根据即将出现的风力等级，悬挂出不同类型的风球，及时向船员或渔民提供不同强度的大风信息，极大程度地保障了过往商渔船舶人员与财产的安全。在交通和通讯手段极其古老与原始的时代，通过目所能及的方式传播灾害信息，也应该算是一种行之有效的措施吧！

暴风警报风球共有7种不同形状，分别代表强风和台风两种风灾状态所包括的7种不同强度风灾的信息。

风球信号最初主要是专门为航海人群所创设的，但经过多年使用之后，也渐渐被其他公众接受采用，特别是被气象部门采用，悬挂风球警示风情的方式便成了一种抗灾减灾的有效措施，风球也成了气象科学服务人民大众的设备。

据《上海气象志·海洋气象》记载：清光绪五年六月十三日(1879 年 7 月 31 日)，徐家汇观象台首次准确地作出台风袭击上海港的警报；清光绪十年(1884 年)，设置外滩信号台，成为徐家汇观象台进行海洋天气预报服务的窗口。

1879 年，上海遭强台风袭击，在黄浦江上航行的船只受到很大的损失。外国在沪的洋行和轮船公司等机构提出，必须要有天气预报。1884 年，徐家汇天文台在外滩择址，建造了一座气象信号台(也称外滩天文台)，采用悬挂暴风警报风球的方式，向集散港口的商渔船舶和市民公众发布大风信息。初建时的外滩信号台比较简陋，在一间小屋旁竖立一根木桅杆，根据徐家汇天文台预报的大风信息，悬挂出各种不同的暴风警报风球。这是我国第一个气象信号台，也是亚洲太平洋地区最早建立的气象信号台之一。

外滩信号台的木桅杆曾于 1901 年 8 月 3 日和 1906 年 7 月 5 日两次被台风和雷雨大风折断。1907 年，有关方面在原信号台旁重建了一座永久性的气象信号塔，底座宽 11.3 米、高 4 米，塔高 36.8 米，用钢筋水泥建造，塔顶建竖 9 米高的悬球桅杆，塔楼总高 49.8 米。这座坚固的阿塔努布式气象信号塔使用了 72 年，在警示风情、抗防风灾等方面发挥了巨大作用。

1956 年，在无线电、电话通讯等得到普及应用后，上海外滩气象信号台才完成使命，淡出了历史舞台。虽然外滩气象信号台不再发挥作用，但它的身姿和建筑风格却成为黄浦江畔一道靓丽的风景，它的贡献也载入了历史并镌刻在人们的记忆里。

据上海市气象学会透露，中断使命半个多世纪之后的上海外滩气象信号台，将在新时期黄浦江沿岸与外滩建设中重新规划，恢复其初建时的功能——发布气象信息。但塔上悬挂的不再是古老原始的风球，而是与现代科技接轨的"电子风球"。市民通过"电子风球"不仅能够看到台风警报，还可以了解到暴雨、高温、低温和大雾等灾害性天气来临的消息。

据香港天文台所撰的《风云可测》一书介绍，自 1884 年起，香港天文台也开始在海港内悬挂暴风警报风球。初时的风球主要用帆布制作，后来很快被藤器所取代。1884—1891 年间，暴风警报风球主要有鼓形、倒三角形、圆形和三角形 4 种，分别显示来自东、南、西、北的烈风方向。1891 年起，风力的强弱可根据风球的颜色辨别，红色风球表示台风在海港 300 英里(1 英里=

1609.344 米)以外，黑色风球表示台风在海港 300 英里以内，并在港岛内建立 40 多个信号站。

1917 年，香港天文台首次采用 1～7 号信号风球代表风暴情况。其中 2～5 号分别表示烈风将会由西北、西南、东北或东南 4 个方向吹袭香港。1931 年变更为 1，5，6，7，8，9，10 号，其中 5～8 号分别代表来自上述 4 个方向的烈风。1956 年开始在 1 号戒备信号及 5 号烈风信号之间加上 3 号强风信号。为避免引起公众混淆，自 1973 年 1 月 1 日起，香港天文台对信号风球又进行了精简，将 5～8 号风球分别取名为 8 号西北、8 号西南、8 号东北及 8 号东南。

香港天文台的暴风警报风球一直沿用至今，不但在警示风灾方面发挥了巨大作用，而且还形成了神奇、巧妙、合理的"风球制度"：暴风警报风球悬挂的同时，所有新闻媒体也会发出风情警报，一场全港性抗减风灾的安置疏散大行动也自动拉开了帷幕。

我国是世界上气象灾害最严重的国家之一，特别是东南沿海的渔村、港口与城市，一年中遭受风灾的侵扰不计其数。我们无法察考在遥远的古代，先民们是如何预警和科学地应对风灾的，然而在暴风警报风球出现并使用以后，我国近代先民知气象、用气象的先进思想和技术，以及科学地应对气象灾害的睿智和功绩，已经在中国气象史上写下了光辉的篇章。

（原文刊载于《气象知识》2012 年第 2 期）

◎◎ 作品点评

本文介绍了鲜为人知的、最早出现在渔船桅杆上，用于暴风警报和表示强风、台风状态的风球。文章还介绍了香港和上海风球使用的来龙去脉。具有较强的知识性和可读性。

竺可桢：滴水穿石气象路

◉ 文/刘少才

在我国近代气象史上有一位大家，他就是竺可桢。笔者 20 世纪 70 年代上大学时有一门学科——航海气象，虽然不是主科，但却让我了解了气象学家竺可桢"滴水穿石"的精神。

竺可桢(1890—1974 年)是浙江绍兴上虞人，他不仅是气象学家，还是地理学家、教育家、中国近代地理学的奠基人。竺可桢幼时聪明好学，从 2 岁开始认字。在家庭的影响下，他从小就在私塾里读书，学习十分勤苦。上虞这地方总是多雨，民居都是尖顶房子，每到梅雨季节，淅淅沥沥的梅雨总是没完没了，屋檐上的雨落在地面的石板上便发出"嘀嘀嗒嗒"的声音，小孩子好奇，一到下雨时，儿时的竺可桢没处去玩，就蹲在屋檐下看雨滴落在石板上的水花。一次他看着看着，不觉感到心里好纳闷，这些石板上怎么有一个一个的小坑啊，无风时水滴正好滴在小坑里。难道水竟有那么大的力量，能把石板砸出坑来？他伸出天真的小手，去接从屋檐上滴下的雨水，也没感觉到疼，反倒是将衣服都弄湿了。妈妈见了，刚想说他几句不要弄湿了衣服，可是小竺可桢的一句话却让妈妈不想责备他了。他问妈妈，这水滴在手上也不疼，怎么会将石头砸出坑来呢？妈妈告诉他说："孩子啊，这就叫'滴水穿石'，别看一滴一滴的雨水没什么厉害的，但是，天长日久，石板就被滴成小坑了。读书，办事情，也是这个道理，只有持之以恒，坚持长久，才会有所成就！"

也许年幼的竺可桢还不能完全理解"滴水穿石"的力量，但他从懂事时起就牢牢记住了"滴水穿石"的教诲。上小学时，竺可桢写作文，写了一遍又一遍总是感觉不满意，直到他认为满意了才停笔，这时候，家里报晓的公鸡都叫了。

中学阶段(15岁始)，他就读于上海澄衷学堂和复旦公学，后到唐山路矿学堂(今西南交通大学前身)读书。他刚到上海时，由于身材瘦弱，被同班调皮的同学讥笑说他活不过20岁。竺可桢很生气，但忍住了。他想犯不着为一两句话跟人家扯破脸吵架。晚上，他躺在床上翻来覆去睡不着，又想起这事，人家说的也是事实，自己比同龄人矮一截，轻10多斤①，真要动起手来，吃亏的总是自己。一个国家何曾不是如此，弱国总是受人欺负，难怪老外称我们为"东亚病夫"。他这么一想，躺在床上辗转反侧就更睡不着了，索性爬起来给自己制订了一个锻炼身体的计划。这以后的每天清晨，竺可桢早早起床跑步，并逐步增加跑步圈数，增加耐力，出一身透汗，找到运动的感觉，无论冬夏，长期坚持。以后又学会舞剑，并对多种体育项目都有所涉足。这样经过一段时间后，竺可桢体质明显增强，饭量也增加了，觉也睡得香了，学习成绩也提高了。学生时代，他就悟出：锻炼身体可促进学习，占用的时间并不影响学习。智和体的提高，使同学们心服口服，包括那些曾讽刺过他的同学，都改变了对他的看法。

人真是不可貌相，身体清瘦、戴着一副眼镜的竺可桢1910年公费留美入伊利诺伊大学农学院学习。1913年夏毕业后转入哈佛大学研究院地理系专攻气象，1918年以题为"远东台风的新分类"的论文获得博士学位。回国后，他为了生存，于1920年秋应聘南京高等师范学校，任地学教授(次年，学校改称东南大学)。1927年任东南大学地学系主任，直到1928年他才名正言顺担任中央研究院气象研究所所长。这是他很久以来的梦想与追求，他回国就是给自己选一个冷门，走一条非常艰难的道路——献身祖国的气象事业。那时候，国外气象学早已经应用在工农业生产、航天、航海、科研等事业中了，可在幅员辽阔的中国大地上，中国人自己掌握的气象台站却一个也没有，气象工作人员也是屈指可数。

竺可桢边教学，边进行气象科学研究。1921年，他在南京东南大学的校园东南角，自己动手建立了一个小气象站，虽然很简陋，但却是中国人自己建立的第一个气象站。当他担任新成立的气象研究所所长后，花了8年时间，东奔西跑，苦心经营，在各省设立了40多个气象站，100多个雨量观测站。

---

① 1斤=0.5千克，下同。

还先后开展了高空探测、无线电气象广播和天气预报等项工作，使我国空白的气象科学有了一席之位。1927年学校又改名为中央大学。在此期间，他一面担任地理系主任，主持日常行政工作，一面教授地学通论、气候学、气象学等课程，培养了我国第一批气象学和地理学的研究及教育人才。

现在随着气象科技的进步、气象卫星的上天，人们听听广播、看看电视就知道未来7天或更长时间的天气预报。可是在竺可桢所处的年代，他为了掌握气候变化，每天早起第一件事就是测量和记录气温、气压、风向、温度等气象要素，观察物候变化的种种征兆，从中不断总结规律。像河水什么时候结冰，什么时候解冻；草木什么时候出叶，什么时候开花；燕子什么时候南去，什么时候北来等。他把观察到的结果全部记录下来，从1936年1月1日起，到1974年2月6日逝世的前一天止，38年零37天的观察日记一天不缺。有人说，他是养成了记日记的习惯，其实，习惯只是一个方面，他的后半生曾担任多种职务，无数次到全国各地考察，百忙中"坚持"二字，是何等的可贵啊。竺可桢是我们现代气象学的鼻祖，他留给后人大量的气象科研成果，是一笔宝贵的财富，他追求事业"滴水穿石"的精神更是留给我们无法用金钱来衡量的财富。

（原文刊载于《气象知识》2012年第5期）

◎◎。 **作品点评**

写气象学家竺可桢的文章并非鲜见，但本文作者没有泛泛地写竺可桢的生平事迹，而是以"滴水穿石"的精神为主线，高度赞扬了主人公追求事业的执着精神——留给我们无法用金钱衡量的财富。以点带面，由此可见一斑。以小见大，这是一篇有教育意义的好文章，值得一读。

《气象知识》
获奖作品集

小气候成就大美"雪乡"

◉ 文图/张玉成　糜建林

"喝烈酒、唱狂歌、光膀子、站风雪",穿行在茫茫林海雪原之中,领略这苍莽延绵的林海雪景,欣赏雪乡的豪放与粗犷,去感受这份似真似梦的缥缈与朦胧。

这里描写的,是黑龙江省著名的观雪赏雪天堂——牡丹江市下辖海林市长汀镇的双峰林场。景区占地面积 500 公顷,距哈尔滨市 280 千米,海拔均在 1450 米左右,位于张广才岭原始森林的腹地。这里雪期长、降雪频繁,雪量堪称中国之最,且雪质好,黏度高,因此,有"中国雪乡"的美誉。

雪乡名字的由来——"无心插柳柳阴浓"

很久以来,"雪乡"一直都被叫做双峰林场,是海林市中众多林场的一个。据说,20 世纪 80 年代,某部队的摄影师来到这里,他们原本想拍摄驻扎在附近的解放军军营生活,却无意间被这片大雪中的小村落吸引,于是举起"长枪短炮"拍摄了许多作品。照片获得了国际大奖,人们在惊叹之余,也就循迹找到了双峰林场。因为获奖的照片叫《雪乡》,"雪乡"之名便流传开来。

值得庆幸的是,若不是如此,这个被称为中国雪质最好的地方,这个坐落在山坳里的小村落,也许至今还只是黑龙江省海林市长汀镇默默无名的双峰林场。而如今,它已成了众多人每到冬日便魂牵梦绕的地方。

雪乡之奇——"十里不同天"

雪乡有冬天"五日不雪",夏季"三日不雨"之说。久慕雪乡风光,一直想去探寻那神奇的冰天雪地。去年(2011 年)10 月,我终于有机会到"雪乡"去一探究竟。

· 102 ·

牡丹江市的街头还有些许绿意，不久前刚下的小雪早就化得一干二净。这让我对雪乡之行充满了疑虑：传说中的"雪乡"会有雪吗？

当汽车颠簸到丛林深处时，我们惊奇地发现路两旁的白雪竟然一点没有融化。司机师傅告诉我们，这不算什么，进了雪乡就是另外一片天地了！果然，当汽车拐过一个弯道后，眼前的白色忽然一下子多了起来，似乎在大声说：欢迎来到"雪的国度"！

也怪，从海林出来天是晴的，路上阳光灿烂。当真正踏进雪乡，天上就开始飘起了雪花。家家户户房顶上突出来的雪檐，像圣诞节时迪士尼的店铺，仿佛走进檐下就可以买到彩球、魔力棒等各式各样圣诞树的装饰。雪檐有一两米宽，十几厘米厚，伸出房檐几十厘米还低悬不落，像极了生日蛋糕上包裹着的厚厚的奶油，让人馋涎欲滴。

民居房顶的雪檐

外界少雪，甚至找不到一点雪的迹象，雪乡却可以做到"万里雪飘"，仿佛魔幻大片《纳尼亚传奇》里的那个大衣橱，穿过长袍短褂，后面是一个冰封的世界。实际上这只是雪乡神奇之一，据当地居民介绍，雪乡方圆 15 千米内，经常会出现这样的天气变化：这道梁乌云滚滚，那道梁却艳阳高照；这面坡风狂雨猛，那面坡却风和日丽。因此雪乡历来有"十里不同天"的说法，更有人用"下雨隔牛背"来既形象又夸张地表述雪乡夏季的气候特点。

雪乡之美——圣洁中凸现自然

"林乡雪海神灵气，莽荡荡，接天碧。"雪乡之美，美在雪景随物具形，美在圣洁中彰显自然。走进雪乡小村，每家房屋上都有一个不断向外延伸而不落的雪屋檐，低低悬垂，有的竟从房檐直垂到地上，就像一张洁白的大棉被完全盖在上面，严严实实地把木屋包成了雪屋，只是剪了一个口，把门和窗子露在外面。小院都是用木栅栏围起来的，在阳光照射下，雪地上形成了一排排琴键一样的光影，黑白分明，线条简洁，让人感觉很美。

乡村的小路都是经过挖掘的，两侧堆砌着齐腰高的雪墙，弯弯曲曲地延伸着通向家家户户。雪乡总共只有百来户人家，前村后村走个遍，也不过 1小时，是个小到不起眼的地方。只是每道木篱笆都质朴无华，让人甘愿一遍遍地在其间漫步徜徉。

家家户户在小院里挂起大红灯笼，木屋门窗上贴上大红"福"字，把雪乡打扮起来。他们把腾出的房舍拾掇得窗明几净、整洁清新，用以接待远方来的客人。当暮色降临，雪乡的上空升起袅袅炊烟，山村变得宁静，远远望去，

雪乡小村

俨然是一幅优美的水墨画，令人沉醉。

雪乡如一幅展开的画卷，不必处心积虑地捕捉，随处可见。悠悠驶过的马车，奔跑撒欢的孩子，清晨升起的袅袅炊烟，入夜高挂的艳红灯笼，赋予了雪乡小村无穷的变化。

那种美，是能把人融化掉的纯净之美！它让人的灵魂得到一种柔美的安抚，超然物外，心胸净洁，世间的成败荣辱，统统抛到了九霄云外。

"中国雪乡"的成因——谁创造了"雪国"？

每年的 10 月，山外还是金秋，雪乡却已飘起鹅毛大雪，一直飘到阳春 3 月，雪乡积雪期长达 7 个月，雪深可达 2 米。得天独厚的雪质资源吸引了无数的游人。

可是，谁创造了"雪国"？

关于雪乡的成因，有无数种说法，但是最值得信任的还是气象专家的解释。牡丹江市气象台台长、高级工程师祝建告诉我们：雪乡处于张广才岭的东南坡，黑龙江的最高峰老秃顶子，海拔 1686.9 米，和附近的羊草山共同形成了雪乡三面环山的格局。每年当北面袭来的西伯利亚寒流和南来的日本海暖湿气流在此频频交汇，两座大山便挡住了来自海洋的暖流，也挡住了山外的污尘，故在雪乡形成了丰沛、纯净的降雪，倾泻在这个小盆地上，把它变成了"雪盆"。

祝台长还告诉我们，这样的情况叫做"小气候"。

也难怪美国、法国的冰雪项目专家考察之后一致认为，这里的雪资源是中国乃至亚洲最好的！

实际上，之所以雪乡的雪质那么好，除了地形上的原因外，还有两个重要原因，一是那里地处森林腹地，白桦和红松等各种植被随处可见，空气中杂质少，加之雪乡的雪花大多是片状的，而不同于一般东北地区的干硬颗粒状降雪，所以雪的黏度也要大得多。二是由于雪乡相对湿度大，温度低，而处于低洼地区风速又不大，大雪可以在屋檐上慢慢堆积，形成了"雪挂"的壮观景象，所以这里的雪下得最多，最厚，最黏，雪质也最好。

由于雪乡独特的自然环境，"中国雪乡"——这个处于塞北的小乡村不仅成为国内外游人来这里玩雪、赏雪、拍雪的圣地，也成了国家八一滑雪队的训练基地和国内外摄影爱好者、电视剧组的创作基地。

（原文刊载于《气象知识》2012 年第 6 期）

◎◎。 作品点评

　　《小气候成就大美"雪乡"》，本文标题"一语中的"，告诉读者，"中国雪乡"是由当地独特的"小气候"成就的：每年当西伯利亚寒流和日本海暖湿气流在此频频交汇，两座大山便挡住了来自海洋的暖流，也挡住了山外的污尘，故在雪乡形成了丰沛、纯净的降雪，倾泻在这个小盆地上。开头不错，结构合理，步步深入，向读者展示了观雪赏雪天堂——雪乡景观。文章具有科学性和趣味性，中国雪乡令人向往。

三等奖获奖文章

新疆那个"闹海风"

● 文图/郭起豪　胥执强

在一般人眼中，海风是指在海边出现的风，可地处大陆深处的新疆出现"闹海风"，那是怎么一回事呢？

2010年2月17日20时30分。新疆吉木乃县境内吉（吉木乃）——布（布尔津）公路闹海、哈头山区域，遭遇"闹海风"袭击。这是入冬以来最严重的"闹海风"，风力达12级以上。

可怕的是，威力十足的"闹海风"使多处路段彻底受阻、交通中断，不仅造成20余辆大小车辆、121名群众被困，而且使得营救工作难度增大。

什么是"闹海风"

"闹海风"是吉木乃县的"土特产"，科学地说，是一种回流性大风，并伴有吹雪、雪暴等天气现象的天气。大凡领教过"闹海风"威力的人，几乎都对它有着刻骨铭心的记忆，甚至还有一些后怕。

说起"闹海风"，当地人一点也不陌生。

2005年12月1日至2日，吉木乃县先是下起了一场没有大风伴随的降雪，在那场如柳絮般飘零的大雪之后，12月3日吉木乃县城竟然风和日丽了一整天。

尽管县城上空还飘着飞雪，但仍艳阳高照，气温也在回升。

不过，若是站在县城高处向城南被称作"红山"的山坡望去，会发现那里涌起一股如"仙气"一般的白烟，像连绵的"云"和"雾"，但并非是云和雾，这实际上就是吉木乃县有名的"闹海风"。

吉木乃人都知道，当"闹海风"刮起时，那如"仙气"一般的白烟都是大风吹起的雪尘。在刮风时风区外面一般都是艳阳高照的天气，但进入风区就是另一个世界。

在阿勒泰地区西南角（85.87°E，47.43°N），距离吉木乃县城 7 千米左右的区域，当地人称为"闹海"，有段全长 100 多千米，南北宽 8～20 千米的狭窄的交通、牧业要道，常刮强烈的偏东大风，使狗狂吠不已，加之当地名称为"闹海"，群众以讹传讹，久而久之，这种大风就被称之为"闹海风"。

闹海风，又称作"诺海风"，"闹海"为蒙古语，大意是"狗狂叫"。形象地说，"闹海风"，也就是说，风的声音像狗叫一样。身临"闹海风"风区的人说，"闹海风"刮来时像大海起波涛的声音，咆哮不止，"闹海"就约定俗成了。

"闹海风"多在"窝里斗"

吉木乃县城被哈萨克族人称为"冬窝子"。县城之所以适合人们过冬，是因为在冬天只要一刮起"闹海风"，县城一带的气温就会有所上升。

吉木乃县城地势较低，东、西、南三面有山，当有冷风从东北面广阔的乌伦古湖吹来时，县城因有东西走向的加日勒哈甫山的阻挡，县城南北两面有"闹海风"，县城里反而风平浪静。

大风沿县城东面的红山所在山系刮向南面，并被阻隔在了红山之南，然后又被更高的、享有"世界上最低的冰峰"之称的木斯岛冰山挡住去路，所以这股风只能汇聚在城南两山之间最宽处不到 30 千米的狭长地带。由此造成了"闹海风"这种特殊的陆地大风现象。

打开"闹海风"风区空间分布图可发现，"闹海风"风区呈东南—西北走向；这种风是一种地方性的偏东大风，其经过的区域是极其有限的。

"闹海风"东起乌伦古湖西岸，经木乎尔台—赛列铁尔，受加日勒哈甫山的阻挡，分南北两支。北支再经土满德—达冷海齐—闹海—喀拉苏—阔克什木到国境；南支再经巴扎尔库勒—巴特巴克布拉克水库—阿尔恰勒—萨尔乌楞到国境。其中赛列铁尔—闹海风力最强，其他段因地势开阔，风力相应较弱。

根据吉木乃县气象局普查的观测记录，从时间尺度看，"闹海风"出现时段主要在 11 月至次年 3 月，集中在 12 月至次年 2 月，3 月份出现的总次数最少；平均每年出现的时间基本上在 8 天左右，在一次天气过程中有时多达

7天。

"狭管效应"是滋生的"温床"

冬季大风经过峡谷，风力骤然增强，加上沿途夹带的沙雪，容易形成"闹海风"。有利的大气环流形势、稳定的积雪或者新增积雪造就的下垫面以及独特的地形共同作用，才是"闹海风"形成的"温床"。

首先，从大气环流形势特点分析，可发现，"闹海风"出现在冷空气影响阿勒泰地区后的几天，此时1500～3000米高空的冷气团往往已东移至阿勒泰地区东部，紧随其后的暖气团向西南方面推进，从而在巴尔喀什湖西部至富蕴、青河形成冷暖空气对峙的密集的锋区带，锋区带两侧的冷暖平流则会产生上升和下沉运动。

与此相对应，地面强大的冷高压已移至青河县附近，吉木乃县处于高压后部。强大的冷高压形成向外流出的辐散气流，东高西低的气压场形成地面的偏东风，产生了持续的冷空气回流，同时下沉的冷空气和上升的暖空气分别在青河、吉木乃产生大的正变压和负变压，两地的变压差偏大，产生的变压风加速了冷空气的回流。

其次，翻阅气象观测资料，吉木乃平均年降雪量为79.9毫米，年均积雪厚度为290毫米，为吹雪和雪暴的产生提供了必备的条件。有关"闹海风"个例分析表明，80%的"闹海风"天气发生在吉木乃测站出现小量降雪天气后6小时，新增积雪在地面滞留时间短且松软，易形成吹雪和雪暴天气。

此外，独特的地形作用对"闹海风"的形成至关重要。闹海地区常常出现"闹海风"，这与它特殊的地形密不可分。在吉木乃县城以东，自北向南依次排列着哈土山、马斯阔孜山、加日勒哈甫山和萨吾尔山。这些山体形成了自东向西，两山之间的峡谷，就是"闹海风"风区。闹海地区整体地势由东南向西北倾斜，存在明显的"狭管效应"，并且峡谷的东西走向，正好与高空1500米和地面流场相一致，从而使东风风速得到加强，这一点也很重要。

再有，阿勒泰地区的地形呈阶梯状，东高西低，利于入侵冷空气在此堆积，形成强大的冷高压，促使气流从阿勒泰地区东部沿斜坡下滑，产生慢坡效应，使到达闹海地区的东风加大。

由此可见，在"闹海风"风区内部，由于风速大、气温低，容易形成风灾。

2010 年 3 月 21 日，新疆吉木乃县托普铁热克边防派出所接到求救电话，
当地居民贺卢宁一家三口从邻县返家途中遭遇"闹海风"，人员和车辆被困。

"闹海风"容易引发白灾

"闹海风一刮，天昏地又暗；雄鹰不展翅，牧人不扬鞭；人遇难回还，车
遇卧路边。"1996 年出版的《新疆通志·气象卷》中，如此形象地记载了"闹海
风"发生时的情景。

狂风怒号，积雪随风乱舞，能见度常低于 1 米，伸手不见五指，白天犹
如黑夜，睁眼不辨方向，使在其间的行人和牲畜常因迷失方向而丧生，同时
吹雪形成雪阻，使车辆无法通行。事实上，在吉木乃，遇上"闹海风"，一般
司机是不敢轻易将小型车辆开进风区的。

因此，在冬日里，当吉木乃县城的人们看到城南有白烟出现时，如果没
有紧急的事情，大多会选择在家里享受冬日的温暖，而不会轻易出城。

在吉木乃县，"闹海风"的肆虐对牧业的影响很大。由于"闹海风"的出现，
积雪容易掩盖草场，且超过一定深度，有的积雪虽不深，但密度较大，或者
雪面覆冰形成冰壳，牲畜难以扒开雪层吃草，造成饥饿，致使牲畜瘦弱，常
常造成母畜流产，仔畜成活率低，老、弱、幼畜饥寒交迫，死亡增多，从而
形成白灾。

　　说起"闹海风"，吉木乃县气象局工作人员体会颇深。该局的观测人员曾到闹海风区实测过风力，结果最大只能测到 12 级风的测风仪表读数一下子就到头了。

　　针对地方性强的"闹海风"，吉木乃县气象局已经在"闹海风"风区建立了自动站，进行实时监测，但监测网点密度尚有待增加。目前，遇有"闹海风"，当地气象观测人员多是采取深入风区，利用便携式观测设备开展监测工作，但是这存在一定危险性。与此同时，"闹海风"属于小范围、小概率天气事件，准确地预测"闹海风"仍有一定的难度。

▲ 自动气象站可以监测"闹海风"实时气象数据

铲车正在清除"闹海风"造成的雪阻

　　"尽管'闹海风'很可怕，但是人们可以根据天气预报事先采取预防措施，尤其是牧民可以通过天气预报'看天转场'。相信随着气象观测网络密度的加大，今后对'闹海风'的监测预报预警服务能力将显著增强。"吉木乃县气象局主要负责人表示。

　　　　　　　　　　　　（原文刊载于《气象知识》2010 年第 3 期）

◎◎。 作品点评

　　本文的作者通过"闹海风"告诉人们，一些局地的"小气候事件"对当地人们生活的影响非常大。文章对"闹海风"的来龙去脉解释得比较清楚，结构合理，语言流畅，标题醒目，有相当的可读性。

用气象专题邮票来谈气象

◉ 文图/毛颂赞

1973年三国联合发行的国际气象
组织成立100周年纪念邮票

毛里求斯发行的绘有
气象站的邮票

葡萄牙发行的绘有
百叶箱的邮票

邮票的方寸之地，是知识的窗口、微缩的百科全书，它以绚丽多姿的画面，勾勒了人类社会发展的漫漫长河，展示了大自然的沧桑巨变。邮票内容也可包容更广泛的客观外界资料，如国内外重大事件和活动、科技成果、体育运动、文教卫生、人物、文物、风光和动植物等。气象专题邮票则介绍了气象科技工作者在物理学有关方面所做出的贡献以及在有关科技领域的成就。"气象"是我们所能看到或者感受到的大气自然现象的总称。它与经济建设、社会生活息息相关。气象专题邮票，对传播气象科技知识发挥了积极重要的作用。

世界各国发行的气象专题邮票近 500 枚，引起了气象工作者和广大集邮爱好者的兴趣，也普及了气象科技知识。在气象专题邮票中，最重要的是为世界气象组织(WMO)和世界气象日发行的纪念邮票。

世界气象组织是联合国专门机构之一，总部设在瑞士日内瓦，它的前身是 1873 年在维也纳成立的国际气象组织(IMO)。1947 年，国际气象组织举行了华盛顿会议。会议决定建立一个取代国际气象组织的新机构——世界气象组织。1950年3月23日世界气象组织正式成立。为了纪念这一重大事件，世界气象组织宣布3月23日为"世界气象日"，以提醒全世界人民对气象密切关注。不少国家都在这一天发行气象专题邮票。

世界气象组织的标记与联合国徽志极其相似，不同处在于图形上方加上了一个北极星，并有OMM·WMO（"世界气象组织"的法文和英文缩写）的字样，1973年坦桑尼亚、肯尼亚、乌干达联合发行的一枚纪念国际气象组织（后改称世界气象组织）成立100周年的邮票上就有这个标记。1973年，有50多个国家和地区发行了纪念邮票，表示对气象问题的高度关注，这些邮票从各方面反映出气象在人类生活中的重要作用。从画面上看，气象邮票上出现最多的是一些传统的气象观测仪器，如气象站、风速计、温度表、干湿球湿度计、百叶箱、测量太阳辐射的聚焦式日照计。

大气日夜不停地运动着，正是有了大气运动，才会出现风、云、雨、雪等天气现象，使得地球上的一切变得丰富多彩、气象万千。前苏联的气象邮票上，有太阳、云、雨等图形；智利的气象邮票上，有太阳、云、雨、雪等图形。英国的异形气象邮票上，画面是个19世纪的空盒气压表，印有暴风雨、大雨、雨、晴朗、持续晴朗、无雨等文字和图形，更有趣的是邮票画面的颜色随着气压的改变而改变。

英国发行的气象邮票

在大气探测中，探空气球至今仍是一种不可缺少的探测工具。施放探空气球，可以观测高空风速、云高以及携带无线电气象探空仪，是气象台站侦察小区域气象趋势的传统手段，不少国家的邮票展现了探空气球。气象雷达一般由天线、发射系统、接收系统和显示系统组成。气象雷达不论白天还是夜晚，随时都能进行气象观测，如今已成为大气探测中使用最广泛、最基本的探测工具。

中国发行的绘有气象探空气球(左)、气象雷达(中)和天气图(右)的邮票

人们在获得了各种气象资料后，就能绘制出标明气压、风向、云区、气温和湿度的综观天气图，从而正确预报天气趋势。在一些国家的邮票上，可以看到各种天气图。

气象卫星是当今人类用于从外空对地球及其大气层进行气象观测的重要仪器。随着科技的发展，人们已不再满足于用气象气球来收集高层天气状况资料了，于是出现了气象卫星，卫星翱翔太空，俯瞰地球，可以探测更大范围的云况，并把它们拍成照片，传回地面供气象工作者研究，这样就大大提高了天气预报的可靠性。1960 年，美国发射了世界上第一颗气象卫星"泰罗斯(Tiros)"号，开辟了从宇宙观测大气的新时代，马尔代夫曾为此发行了 1 枚纪念邮票。1984 年日本发行"天气预报 100 年"纪念邮票，表现了日本的"葵花"号气象卫星。还有一些国家也发行过气象卫星的邮票，如匈牙利、罗马尼亚、蒙古。20 世纪 70 年代末，世界天气监测网建成，从此各国的天气预报更为及时而准确，疯狂而狡猾的热带气旋再也逃不出人们的视线。气象卫星对此贡献很大。目前，我国已成为世界上能够发射和运行气象卫星的少数国家之一。气象卫星资料使我国的天气预报更加准确可靠，特别是监测台风、暴雨、洪涝、干旱等大面积气象灾害，以及在监测森林火灾、地震等方面发挥着重要作用。卫星气象事业的进展，标志着我国气象业务的现代化上升到一个新高度，同时这也是对国际气象事业的新贡献。

2000 年是为人类安全和福祉作出贡献的世界气象组织成立 50 周年，该组织曾向各成员国发函，希望各国发行本国的气象

马尔代夫发行的绘有世界第一颗气象卫星"泰罗斯(Tiros)"号的邮票

邮票，作为庆祝该组织成立50周年的一项重要内容。为此，许多国家都发行了纪念邮票。我国也发行了4枚一套反映中国气象成就的纪念邮票，以展现中国气象科技的进步。画面有气象卫星和卫星接收天线、青藏高原气象科学试验、使用高性能计算机进行数值天气预报、人工影响天气——"人工增雨"等4个有代表性的侧面。

中国发行的纪念世界气象组织成立50周年的邮票(右：绘有数值预报)

2003年，全球气候变化会议在俄罗斯首都莫斯科召开，俄罗斯发行了1枚纪念邮票，画面上有会徽、地球、世界地图及冰川等。2009年，在丹麦首都哥本哈根召开了气候变化峰会，峰会经过13天艰难谈判，达成不具法律约束力的《哥本哈根协

2003年，全球气候变化会议在俄罗斯首都莫斯科召开，俄罗斯为此发行的纪念邮票

议》，就减排达成了广泛的共识。全球变暖这一不争的事实，使哥本哈根成了全世界的焦点，这是一次被喻为"拯救人类的最后一次机会"的会议。可见，保护极地和冰川已经越来越被人们重视了。今天，大多数人相信：人类的活动使大气产生了急剧变化，导致全球温度持续升高，已危害到人类本身的生存。

（原文刊载于《气象知识》2010年第5期）

◎◎。 **作品点评**

　　通过作者的介绍，国际国内那一幅幅印有暴风雨、雷电、晴朗、晴朗天空等文字和图形，传统的与新发明的气象仪器装备，重要的观测网站、大型科学实验的邮票，便成了普及气象科学知识的平台，成为集邮爱好者的珍藏。文章笔法新颖别致，读来让人兴趣盎然。

北极圈的冰雕酒店

◉ 文/王奉安

　　瑞典人对冰雪情有独钟，受爱斯基摩人"雪屋"的启发，在北极圈以北约200千米处名为"尤卡斯耶尔维"的小村庄开了一家冰雕酒店。酒店内的最高温度只有零下6℃，而且住宿费昂贵，但生意却很火爆。若是没有预定就贸然前往，那就只能找间爱斯基摩人零下30℃的小雪屋挨冻一晚了。

小村庄吸引世界游人

　　这个小村庄位于瑞典拉普兰地区，在拉普兰本土语言"萨米语"里，"于克斯亚尔雅"意为聚会的地方，因为这个小村庄在过去的500年里一直是人们集会、聚首的地方，直到现在还是这样。不过现在在这里聚首的来自世界各地的旅客大都是专门来入住或观赏这座每年冬天用冰雪砌成的冰雕酒店的。小村庄隶属瑞典基律纳市，基律纳是瑞典最北和面积最大的城市。瑞典的最高峰、海拔2103米的凯布讷山就在这个城市的外延。市区拥有森林、沼泽、冰川、苔原和高山等丰富地貌，景色各异，美轮美奂。该区域是典型的北极气候，冬天寒冷且时间长，夏天短促。冬天的气温可降至零下50℃，滴水成冰。这里有瑞典最长的冬天，以严寒、积雪、北极光和盖着厚厚冰层的江河湖泊为特色。每年10月份当地的滑雪斜坡就开放了，滑雪爱好者和游人纷至沓来，这是经营冰雕酒店的绝好商机。

　　建造冰雕酒店的创意可追溯到1989年。在此之前，只有极少数游客前来这个小村庄体验这里漫长、黑暗、满天冰雪的冬天。1989年，一群日本的冰雕爱好者来到这个小村庄成功地组织了一次冰雕展，引起了人们的注意。1990年春天，有人在托尔讷河冰面建起了一个管型的圆顶冰雕建筑，这是专门为法国艺术家 Jannot Derid 的一次展览而建的展馆。有几个游客夜宿在这个内含 60 平方米陈列室的圆顶展馆里，他们躺在驯鹿皮上，蜷缩在自己的睡袋里。就在这个时候，建造冰雕酒店的想法开始酝酿了。

工程师始创冰屋

其实，创造出这个冰雕酒店新概念的是一个叫贝里奎斯特的对流行时尚很有感觉的瑞典工程师。20 世纪 70 年代，为了对一个铁矿的周围环境进行评估，他来到了这个小村庄。当时这个小村庄死气沉沉，只有几百人，大多数都在矿上工作，他们对天造地设的冰原美景无动于衷，"不识庐山真面目，只缘身在此山中"。可贝里奎斯特却不一样，他发现了冰原美景后立即辞掉了工作，买了一所旧房子，干起了旅店和饭馆的营生，专门吸引那些到此地钓鱼、远足和橡皮艇漂流的人。但是每每到了严寒封冻的季节，旅店门可罗雀，生意惨淡。正当他陷入苦恼之际，一个朋友建议他建一座圆顶冰屋，以此作为标新立异的艺术展览比赛场地，但贝里奎斯特并没有遵循爱斯基摩人建造圆顶冰屋的传统方法，即从坚硬的雪堆中挖出大量的雪块建造出一个冰屋。他独辟蹊径，在雪地上搭起了一个木架，然后铲了大量的雪块堆积在上面，接着用水龙头向积雪喷洒水花。这种方法十分奏效，2 天以后敲掉木架，一个 60 平方米的晶莹剔透的圆顶冰屋就形成了。1989 年，这个冰屋里举办了一个国际艺术展，活动获得了空前的成功，而贝里奎斯特也因此在脑际里产生开冰雕酒店的想法。

贝里奎斯特雇佣了一批铲雪工建造了一个 250 平方米的圆顶屋，在里面砌了冰床，铺上驯鹿垫和空气垫以及睡袋，邀请了几个朋友一起与他试验这样的冰屋是否能作为新奇的住宅。测试结果非常令人兴奋：不管外面的世界有多么的寒冷，但冰屋里的温度始终停留在零下 6℃左右，如果盖好被褥，完全可以享受冰床之乐。到了 1993 年，他建造冰屋的机械化程度大大提高，用可移动的钢架取代了木架，用铲车和吹雪机代替了铲雪工，技术越发熟练。

独特的雕刻艺术

每逢 10 月底，几十个居住在当地的艺术家及施工人员就开始建造这座冰雕酒店。建筑材料直接取自于邻近的托尔讷河河水。拱形的冰块由 5 米长、6

米宽的拱状钢铁支架支撑。冰雪运输机以及冰雪爆破确保了足够的建造原料。2天之后，做好的拱形部分会被运到酒店原址。这个独立的拱形建筑部分由几根冰柱子支撑，使得它更加稳固。

酒店的室内设计每年都由不同的、来自世界各地的艺术家完成。单是用于此项装修的冰块就重达2吨，这些冰块早在3月份就已经用特制的冰锯在河面开采出来存放在一个冰库里了。窗户、墙壁、家具、床、灯等所有这些艺术家们用冰雕成的东西给予了每个房间独特的格调。

由于冰雪形成的环境因素差异，冰雪的形态也有所差别。在不同的气候和气压下，冰雪形成了不同的结构。从白到蓝到灰的不同颜色的冰雪，显示了其空气含量的差异：空气含量越多，冰雪的颜色越白。因此，刚刚冻结的冰雪通常都发白，冰川的积雪通常都是蓝色。建造酒店要用水晶般透彻的冰块，而托尔讷河清澈的河水提供了绝好的天然材料，省却了人工造冰的麻烦，可以直接采用河面的冰块。用举重机把冰块放在准确的位置上，把一块放到另一块的上面，这个堆砌的过程和砌砖墙差不多。一块冰块由另一块支撑，每块冰块都要精准放置，每块冰块的质量都能确保稳固的支撑作用。雕刻家们用一些特殊的冰雕工具切割雕刻冰块：先用链锯、切割机以及钻孔机进行粗造型，然后用日本产的特殊工具对冰块进行细雕琢，用火烤的方法使冰面平滑。随着冬天的到来，冰块自然冻结得非常牢固。

酒店出具《存活证书》

在冰雕酒店里人们关心的当然是冰卧室和冰床。在零下6℃的室温内，睡床也是由冰打造，上面铺着驯鹿皮。游客们可在热情的服务生的指导下安寝，但他们必须接受如下建议：把靴子放在房间外，戴好供睡觉用的皮帽子，切勿忘记拉上睡袋的拉链，酒店甚至建议游客不到实在熬不住之时，不要去使用暖气套间。如果循规蹈矩地照他们的建议行事，游客根本不用担心会在北极的严寒中冻僵，因为他们一钻进睡袋，就会发现里面还是热乎乎的。第2天醒来，酒店会郑重其事地出具《存活证书》，上面写着："在冰雕酒店度过一夜幸存下来。"

厕所是惟一不使用冰雕的现代设备，所以不用担心它会融化。但美中不足的是，它不在房间里，也就是说，如果你睡前不小心喝了太多的水，那你就得慢慢爬出睡袋，然后在零下 6℃ 的室温里，重新穿上所有防寒装备，再走出去寻找洗手间。冰雕酒店里的冰吧也极有特色。每一年杯子和吧台的设计都不一样，装酒的杯子也是冰块做的。调酒也以简单、完美、纯净为原则经过特殊设计，这在别处是喝不到的。饮料名字则和此地特色相呼应，如狼爪、极光等。在这里，你有可能与瑞典皇室或欧美名模并肩而坐，享受动听的音乐、冰冻的酒、冰做的水晶吊灯，甚至还有冰做的吸烟室。

除了尝试住一晚的滋味，游客还可以参加户外活动，如滑翔比赛、越野滑雪、冰球、攀冰等精彩冬季运动。游览世界上最大、最深的矿井，其地下通道纵横 400 多千米。如果够幸运，还有机会碰见极光，它在几秒或数分钟内风云变幻，明暗搭配，似真如幻，亦仙亦魔。瑰丽的极光是高纬度地带晴夜天空常见的一种辉煌闪烁的光弧或光蒂，产生极光的原因是来自大气外的高能粒子(电子和质子)撞击高层大气中的原子的作用，这种相互作用常发生在地球磁极周围区域。酒店的餐厅向客人提供拉普兰当地的特色美食。萨米人完全以狩猎、捕鱼及饲养驯鹿为生，这自然意味着当地人的食物以驯鹿肉、鱼、蘑菇和各样浆果为主。

（原文刊载于《气象知识》2010 年第 6 期）

◎◎◦ **作品点评**

这篇文章的最大亮点是"奇"、"趣"。奇者，好奇也！这座冰雕酒店是供欣赏、观看，不会住人的吧？像哈尔滨的冰雕世界一样，极尽冰艳之美！带着这份好奇心看下去，不料想，竟然真的能住人！这酒店不仅是冰雕的艺术殿堂，而且设备齐全。有趣的是，在零下 6 摄氏度室温的酒店冰床上睡了一夜而不被冻僵，原来床上的睡袋里面是暖融融的。作者自始至终竭尽"引人入胜"之能事，字里行间，妙趣横生，读后使人有一种亲临"冰雕酒店"其境的感觉。

秘境沧源的气象魅力

◉ 文图/王建彬　王　凯　艳　萍

　　沧源位于云南西南边陲，属于临沧市，是全国仅有的两个佤族自治县之一。沧源在北纬 23 度，东经 99 度左右，南北扁窄，东西狭长，西南与缅甸接壤。滇西横断山纵谷南端的怒山支脉老别山，自东北向西南延伸至沧源境内，在班洪与勐来交界处称之为窝坎大山，并为沧源最高峰，海拔 2605 米。沧源地表自窝坎大山向西向东倾斜，形成分水岭地带。山脉西侧的河流属于入印度洋的萨尔温江水系，东侧的河流属于入太平洋的澜沧江水系。在西侧的南汀河谷地带，海拔仅有 450 米。

　　沧源有享誉世界的沧源崖画，有天然连片的百年董棕林，有一年四季都可以观赏到宛若仙境、如梦如幻的云雾景观，还有中国保存最为完整的一个原生态佤族村——翁丁。独具特色的自然景观和凝重、古朴的人文景观，让沧源充满了神秘和诱惑。

翁丁：石头墙缝隙里可以种植猪饲草

　　2010 年 6 月，我们在翁丁看到了令人惊讶的一幕：在一座传统的杆栏式茅草房外，一位脸上写满沧桑的佤族老大妈正在往岩石挡墙的缝隙中，植入一丛丛绿色的带根的植物，在她身后近乎垂直的石墙上，已经栽下了绿油油的一片。我们好奇地询问老大妈种的是不是绿化用的攀缘植物，同行的沧源气象局的同事告诉我们，老大妈种植的是红薯苗，在这个季节红薯苗在这里长得快，可以多次收割作为猪饲草。在石头墙缝隙里种植猪饲草？这着实让我们惊奇且疑惑，猪饲草生长可是需要充足的水分供给啊！

　　其实，我们的担心是多余的。"翁丁"是佤语的音译，寓意就是云雾缭绕多雨的地方。从气象局的观测资料可以看到，沧源年降水量充沛，30 年（1980—2009年）平均年降雨量达到 1735 毫米，年内降雨量集中在雨季。其中，旬降雨量超过 100 毫米的时段恰恰出现在 6 月上旬至 8 月中旬。而且这个时段的旬降雨量分配均匀，旬平均降雨量最多为 123 毫米，出现在 6 月上旬；最少为 99.6 毫米出现在 8 月中旬。从 8 月下旬到 10 月上旬的旬降雨量都超过 60 毫米。另外，翁丁就处在沧源地势骨架山脉西侧的，萨尔温江水系的迎风坡上，所以降水日数和降水量都会超过测站所在地沧源县城。因此，在石头墙缝隙里种植猪饲草，其水分供给也就没了悬念。另一方面，立体种植还能提高光能利用率，解决多雨带来的通

翁丁

风透气不良的难题，有利于提高猪饲草的产量。在保持着传统文化的翁丁寨子中，适应和有效利用气候资源，低碳、原生态的生产生活还随处可见，例如民居采用了传统的通风、透气、避湿的杆栏式建筑，就连种植在庭院边的佛手瓜也攀缘在与房顶同高的竹竿上……

在石头墙缝隙里种植猪饲草

崖画：历经三千年露天环境颜色不褪

　　踏上沧源的土地，厚重的历史气息扑面而来。首先让沧源人自豪的当数享誉世界、有三千多年历史的"沧源崖画"。这些崖画分布在沧源县的勐来乡、糯良乡、勐省镇，1965 年至 2000 年陆续被发现，目前共发现了 15 个点，约1000 多个图案。其中以勐来崖画为 1 号点，规模最大，图像最清晰，影响力最大。这些绘制在人迹罕至的岩溶峭壁上的原始图案，剪影式的图形内容多为狩猎、舞蹈、战争、采集、建筑、村落和宗教祭祀活动等。画面多采用图解、示意的形式处理空间布局。作画的意图和功能具有明显的记事性质。崖画为暗红色，推测是以赤铁矿粉拌动物的血，加上不知名的含胶质的植物液体，用手指、竹片或羽毛绘成。据测定这些崖画距今约三千多年，1983 年 1月被列为省级文物保护单位，2002 年被列为全国重点文物保护单位。

沧源崖画

　　沧源崖画经历数千年，但不少图像的色彩依然鲜明。近年来有人试验，也用赤铁矿粉末和牛血调和后，在崖面作画。但仅半年时间，图像就消失了。为什么在年雨量超过 1700 毫米的岩溶峭壁上，历经三千年的崖画能保留至今？为什么在北纬 23°09′北回归线以南太阳转身的地方，崖画的色彩仍然鲜明？这些未解之谜题成为吸引游客的特殊旅游资源，也给探秘者留下了探索发现的空间。

造成自然空间内文物损害的非人为原因主要来自三个方面：降水、风沙和光照。其中光照是造成褪色和化学损坏的原因。研究表明，光照对文物的伤害与光照的强度和光照的时间成正比。500 流明的光照引起的伤害与在每年光照为 50 流明下暴露 10 年的伤害在理论上是一样的。因此，长时间的低照度或全黑环境对文物的总体保存不会造成不能接受的损害。太阳光含有大量的紫外线，比大多数的人造光源的损害更大。通常，最简单的防止光照对藏品的伤害的办法是减少进入储存和陈列空间的光照。就光照的影响而言，或许能从沧源独特的地理气候中找到崖画色彩保存的部分谜底。

以勐来崖画 1 号点为例，该崖画绘制在底部内收的半洞穴状的岩溶峭壁上，坐北向南的岩溶峭壁顶部向外延伸凸出形成了天然的遮雨棚，加上周边茂盛的林木，两者都能够有效地避免雨水对崖画的冲刷破坏，同时还阻挡掉绝大多数直射的太阳光。另外，沧源干季多雾，夏季多云少日照的气候，使沧源崖画犹如保存在极低照度的天然储存和陈列空间。从 30 年的气象资料可以看到，沧源平均雾日数达到 140 天，年日照时数仅有 1866 小时，雨季（5—10 月）日照时数仅 700 小时，雨季平均低云量达到 7.7 成。另外，风蚀作用在风日多、风速大的干燥区极为盛行。而沧源年平均风速仅 1.5 米/秒，加之常年湿润多雨，避免了干旱多风沙地区常见的风蚀作用的影响。

董棕：原生态中纯自然繁衍连片成带

董棕，地球上最古老的活化石，在沧源广为分布。董棕树冠如幌如伞，树冠顶部的包叶如钢针，直刺青天。棕叶婆娑，婀娜多姿，在微风中摇曳的董棕叶片如孔雀开屏。董棕高大的树干和油绿色的巨大树冠常常吸引初到佤山人们的眼球。在称之为"百年董棕林"或"百年情侣园"的董棕林里你可以和历史对话。"百年董棕林"围绕着著名的沧源崖画谷景区分布，是全长约 20 千米的天然林带。在岩溶峭壁下斜坡地带，成片的董棕林参差披拂，棕叶摇曳，与岩溶峭壁相映成趣，风景独具一格。

董棕为稀有大型棕榈植物，自然资源稀少，属于国家二级保护植物，是热带、南亚热带地区优良的观赏树种。董棕性喜阳光充足、高温、湿润的环境，较耐寒，生长适温 20～28℃。生长环境的空气相对湿度在 70％～80％，空气相对湿度过低，会使叶尖干枯。董棕以种子繁殖，土壤要求疏松肥沃、排水良好。约 20 年开 1 次花，开花结实后全株死亡。沧源 4 月中旬至 10 月中旬平均气温都在 20℃以上；12 月到次年 2 月的旬平均气温也在 11℃至 15℃之间。适宜的气温、丰沛且均匀的降水，特别是良好的生态环境，使董棕不需要人工呵护，完全自然生长繁衍成连片成带的董棕林，形成今天具有特质的旅游景观。

董棕林

无独有偶，沧源境内尚有具北热带自然景观的南滚河国家级自然保护区。在这里，南北方向是东南亚热带雨林向北延伸的最北缘，东西方向处于印缅热带季雨林过渡地域，印度热带季雨林树种一般只分布于本区，马来西亚、中南半岛雨林成分亦以此为界。保护区具有植物区系成分复杂多样的地域特色。有草本和乔灌木 305 种，属于中国国家保护植物的有桫椤、董棕、滇石梓、铁力木、多果榄仁等。有兽类 39 种、鸟类 75 种，其中许多种为云南所独有。属于中国国家一级保护动物的有亚洲象、孟加拉虎、白掌长臂猿、懒猴、菲氏叶猴，二级保护动物有金猫、云豹、金钱豹、绿孔雀、犀鸟等。象、长臂猿、懒猴、犀鸟均以此区为北限。

云雾：静中寓动移时换景四季常眷顾

在沧源，一年四季你都可以观赏到宛若仙境、如梦如幻的云雾景观。一年之中，干季和雨季的云雾景观美轮美奂而又各具特色。

干季，尤其是在秋冬两季以云海最为壮观。雨季丰沛的降水使土壤、植被湿润，蕴含了丰富的水分。进入秋冬季节，夜间山地辐射降温，使密度增大的冷空气下滑到谷底形成冷池，导致水汽凝结生成雾。山顶附近的逆温层限制了雾的向上发展，从而形成了厚厚的云海，覆盖着沉睡中的山谷旷野。太阳出来后，随着逆温逐步消失，在原本稳定的云海顶部出现较强的混合过程，云海因充满动感变化而绚丽多姿。"云以山为体，山以云为衣"，云雾的飘荡，使阿佤山呈现出静中寓动的美感。时而似波涛翻滚的海浪拍打着岸边，时而像垂帘瀑布直泻河谷盆地。开阔的地方，如激浪翻滚的波涛；狭窄的隘口，若飘逸晃动的白练。高耸的山峰刺破云海，像春笋出土；顶部平缓的小山包像舢板，荡漾在云海波涛之中。至中午前后，云层开始翻滚、奔涌，群山、云海时隐时现。当逆温彻底消失，云雾便腾空而起，化为云絮，与白云浑然一体，在天地之间构成了一幅绮丽无比的天然画卷：蓝天如海，白云如练，青山如黛。

沧源云海

由于层层山脉的屏障，北方系统性冷空气的触角几乎伸不到沧源，小风环境又提供了辐射雾形成的有利条件。所以，干季特别是秋冬季节到沧源，登山观云海领略佤山神韵几乎是没有悬念的选择。同时，在这个季节，沧源旬平均最低气温都高于 5℃，而旬平均最高气温都还在 20℃以上。在这个季节，沧源没有干燥、寒冷和风沙的困扰，一天之中，上午可以体验天然的雾浴，而下午又可以享受冬季难得的日光浴。此时的沧源几乎荟萃了宜居养生环境的所有要素：适中的海拔高度、宜人的气候、清洁纯净的空气、绿色的环境、远离城市喧嚣的清静。

雨季，沧源的云雾景观有别于干季。阿佤山地的雨季往往是雨雾同行，雾聚则雨落，雾散则雨停。其实雨季的雾并不是由地面水汽凝结生成，而是从外地输送的水汽由空中凝结形成触地的云。这样的云还会进窗入户，走进阿佤人家，像不请自来的山间精灵。雨季的雾浓，能见度极低，浸淫在雨雾中的群山、村寨灰暗模糊。一旦雨停，雾层间隙便拉开了蓝蓝的天窗，此时的阿佤山云烟缭绕，氤氲束束，艳丽的太阳光从云彩的罅隙透射出来，形如一片神话世界。此时的沧源又是避暑的胜地，6 月到 8 月沧源的最高气温旬平均低于 27℃，而最低气温旬平均高于 18.5℃，在这里没有其他高海拔避暑地"遇雨便成冬"的尴尬。

（原文刊载于《气象知识》2010 年第 6 期）

◎◎。 **作品点评**

作者选取几个经典的片段：石头墙缝隙里种植的猪饲草、历经三千年露天环境颜色不褪的崖画、原生态中纯自然繁衍连片成带的董棕树、静中寓动移时换景四季常眷顾的云雾，为我们描述了中国保存最为完整的一个原生态佤族村——翁丁及其于沧源一带的绮丽风光。文章作者运用散文诗般的语言，将独具特色的自然景观和凝重、古朴的人文景观呈现在我们面前，让沧源、翁丁充满了神秘和诱惑。而造成这些绮丽景色的，又无一不与当地独特的地理环境与天气、气候特点有关，显示了"秘境沧源的气象魅力"。

风光摄影中捕捉多姿多彩的云

◉ 文图/李宣平

　　随着数码相机的普及，摄影趋于了平民化，相机像手机一样进入寻常百姓之家，摄影发烧友队伍不断壮大。但很多初学者只注重摄影技术参数的研究，追逐摄影器材的比拼和讲究后期加工处理，却很少关注摄影与天气的关系，即使远行也只是看看目的地天气预报。其实，摄影是一门光影的艺术，天气对于光影的影响很大，所以摄影和天气有着密不可分的关系，所有的照片都是在一定的或者特定的天气条件下拍出来的。确切地说，一张好的风光作品因为云的渲染可以增加很多美感，而画面中缺少了云彩，会影响到画面的结构和色调的均衡。

　　云是由水汽凝结而成的，随着天气系统的变化生成不同类型的云彩。其种类很多，按高度划分有高、中、低三大类云。常见的有"朵云"（淡积云）、"鱼鳞云"（或卷积云）、"火烧云"（毛卷云）等。云是天空舞台上的主角，变化多端，绚丽多姿。

　　要想拍摄好云彩映衬下的风光照片，摄影人要学点气象知识，了解各种云形成的特点。出行前还要了解天气形势，仔细观察天空中云彩的发展变化。我是位摄影爱好者，基本上每次采风，都能遇上好天气，好云彩，好的云霞。殊不知，这与我从事气象工作有关，对天气判断较为准确，观云测天也积累了不少的经验。

　　下面根据我多年观云测天经验，和摄友们谈谈风光摄影中表现最为多姿灿烂的三种理想的云，即淡积云（"朵云"）、透光高积云（"瓦片云"）、毛卷云（"火烧云"），简单介绍这三种云出现时具有什么样的形态及在什么季节或在什么天气形势条件下经常出现。如果懂点气象知识，就可以有的放矢地去景点守候，从而捕捉多姿多彩的云。

天高气爽下的淡积云

拍摄风光片，云在许多照片中起着很关键的作用，它能够增加景物的美感和使画面均衡。当天空没有一丝云彩时，画面便产生上下轻重不相称的感觉，因而云彩就成为了唯一陪衬天空的物体。拍摄一般景物最好有白云朵朵作陪衬，这种朵朵白云，气象上称之为"淡积云"，老百姓称之为"馒头云"。

草原上的淡积云

湖面上的淡积云

观测场上的淡积云

淡积云云层较低，一般在 800～2000 米高度，云如白絮又如白净净的馒头。扁平的积云，底部较平，顶部呈圆弧形突起，垂直发展不旺盛，水平宽度大于垂直厚度。在阳光下呈白色，厚的云块中部有淡影，晴天常见。夏天最常出现，早秋、晚春晴天也会出现。一般规律为，上午 9 点到 10 点后，太阳普照大地，地气开始上升，淡积云开始渐渐生成，中午前后最旺盛也最有形，傍晚时消退。在"副热带高压"天气系统控制下的盛夏，天气越热，淡积云越美丽。

早晚捕捉透光高积云和毛卷云

早晚都适合拍摄风景，是因为早晚太阳的位置低，当地表和太阳之间的角度小时，阳光必须通过很厚的大气层，波长很短的蓝、绿、紫色光线会依次消失，这时只有波长很长的橘红色光线能投射到地表。特别是当黄昏的时候，光线会将景物染上金黄色，影子也会自然拉长，这个时候拍出的照片颜色呈金色而且色调温暖，也会有时光感。拍摄时，如果天空有毛卷云或"瓦片云"出现，天空早晚云霞映衬下画面非常绚丽，如果地面景物是水面，那湖水被橘红色光线所笼罩，充满梦幻般的气氛。

排山倒海似"瓦片"

"瓦片云"是老百姓的俗称，气象上称之透光高积云，是中云，高度在2000～3000米。透光高积云云块较薄，呈白色，常朝一个或两个方向整齐地排列，云块之间有明显的缝隙，即使无缝隙云块边缘也较明亮。云层像干旱开裂田块，"瓦片云"有时一楞楞的，这种"瓦片云"如果出现在日出或日落时分，霞光会将云块或云缝染上金黄色，像金色琉璃瓦。

"瓦片云"

"瓦片云"如果呈辐射状从地平线伸向天空，最为气势磅礴，也预示着天气系统将很快入侵，天气要转阴雨。

为此，摄影人应注意收听收看天气预报，在久晴转雨时的傍晚赶到拍摄点，往往有系统性"瓦片云"出现。"瓦片云"出现时间往往在秋、冬季。

夏天也会出现透光高积云，往往出现在天空当顶，"瓦片云"个体小像鱼鳞斑，孤立在天空，面积不大，不呈辐射状。这种"瓦片云"出现是晴好天气预兆，一如农谚"天上鲤鱼斑，晒稻不用翻"。

似绢如丝的毛卷云

"毛卷云"是气象学上的叫法。气象上把云按高度划分高、中、低三个层次，毛卷云系高云，一般出现在3000米以上的高空，云层薄如绢，云体具有纤维状结构，常呈白色，无暗影，有毛丝般的光泽，多呈丝条状、片状、羽毛状、钩状、团状、砧状等，多由直径为10～15微米的冰晶组成。

毛卷云的姿态变化取决于高空风力的大小。云体的结构由微薄冰晶构成，早晚光芒照射下，色彩温暖似火烧，老百姓所说"火烧天"、"火烧云"一般都是在毛卷云天气条件下出现的。毛卷云出现的天空，云卷云舒，曼妙缥缈，画面生动绚丽。

毛卷云

毛卷云多半出现在秋冬季早晚，特别是北方有干冷空气南下时，将出现大风降温天气。冬季一场雨雪天气过后，天空放晴，往往也会出现毛卷云，摄影人可前往风景点守候，等待美丽的"火烧云"出现。因为干冷空气南下，水汽不足，难以下雨，此时高空毛卷云丰富，在高空风吹拂下形态多样。如在早晚日出日落前后，云如火烧，瑰丽壮观。

拍摄有瓦片云或毛卷云做陪衬背景的早霞或晚霞画面，最好选在江河湖海的地方，天空中美丽的云霞映照在水面上，能增加艺术气氛。

（原文刊载于《气象知识》2011 年第 2 期）

◎◎。 **作品点评**

摄影与天气，这里面大有学问。摄影是一门光影的艺术，不同的天气对于光影的影响也有很大的不同。风云雨雪，电闪雷鸣，对于摄影而言，什么样的天气都能拍摄出精美的作品。文章作者对千姿百态的云更情有独钟。云不仅是摄影爱好者经常追逐的目标，其作为风光作品的配角，也会为作品增加很多美感，使画面的结构更完整，色调更均衡。本文作者是一位爱好摄影的气象工作者，不仅从摄影技巧方面讲述了如何拍摄好多姿多彩的云，更从专业方面讲述了许多有关云的气象知识，这对拍摄好云的照片，拍摄好风光照都有很多的益处。在这里，摄影与气象变成了交叉学科，实现了完美的结合。

超级太阳风暴会在 2012 到来吗

● 文/裴　奕

　　人类有记录的最强太阳风暴发生在 150 年前(1859 年)，由于第 23 太阳活动周的太阳风暴给航天和通信领域造成的影响，人们开始猜测第 24 太阳活动周会不会重演 150 年前的剧变。届时，影响将是灾难性的。美国科学院于 2009 年 1 月公布了一份特别研究报告，对 1859 年的一次超级太阳风暴的特征及其可能对现代人类生活的影响做了详尽的分析和评估，并在科学层面提出了对 2012 年前后发生超级太阳风暴的担忧。而英国的《新科学家》杂志更是信誓旦旦地断言，超级太阳风暴将发生在 2012 年的 9 月份。

　　人类真正将地球空间的扰动与太阳风暴联系在一起始于 20 世纪 70 年代。人们认识到太阳风暴影响地球的主体是从太阳高层大气喷射出来的高速物质，称为日冕物质抛射(CME)事件。这种高速物质中还带着高出周围数倍的磁场，它会带来地球周围环境的一系列变化。而显著的太阳风暴一般会伴有太阳耀斑和高能粒子通量的升高，这些事件也作为太阳风暴的组成部分。

　　18 世纪的人们不仅缺乏太阳风暴的概念，而且只有少量简陋的设备，当时的情形大多是通过人的感官得以记录的，其中描述最多的就数极光了。《纽约时报》报道，1859 年 9 月 2 日午夜后，落基山的露营者被明亮的极光惊醒，他们甚至可以借助极光看书。而在赤道附近的哈瓦那，当晚的天空也被"神秘的火焰"映得通红。从现代的观点来看，那次超级太阳风暴使地磁场发生了严重变形，在赤道附近看到极光说明地磁场在超级太阳风暴的吹袭下，其原有的防护效力已丧失殆尽。模拟计算表明，那次太阳风暴的速度超过了 3000 千米/秒，引起的地磁扰动幅度是有精确记录以来历史极值的 3 倍多。通过分析南极冰样，发现该次事件所伴随的高能粒子的通量也超过了有探测历史以来极值的 3 倍。当时与电相关的设施还很少，最常用的就是有线电报，《费城晚报》对当时的情况是这样描述的："很多邮局从其电报机中收到了大量混乱的代码，空中也不时迸发出点点火花。"这正是地磁场波动所激起的感应电流造成的，这也是现代电网遭到太阳风暴攻击的表现。

对于太阳风暴，地球的大气层和磁场是最好的防火墙，而且 150 年前还没有复杂的电子技术系统，太阳风暴对人类的影响是很微弱的，当时的人们也只是惊叹于大自然的鬼斧神工。但当今的信息化时代是以电、磁为基础的，对于航天和通信这些高技术密集的领域，超级太阳风暴的侵袭将是致命的。

太阳风暴的攻击大致可分为三个波次。

第一波是来自超级太阳耀斑的强电磁波，它会在太阳风暴开始后 8 分钟到达地球，受到重创的将是通信。作为无线通信载体的电离层，其电离密度会骤然上升，造成短波通信因信号被完全吸收而中断，卫星信号不稳而影响电视转播，数据传输错误不断，而这只是超级太阳风暴影响的开始。

超级太阳风暴的第二波攻击将在几小时后到来，大量高能粒子涌向地球，尽管在地面没有任何感受，但运行在高空的通信卫星则会在这些高能粒子的轰击下纷纷转入安全模式而停止工作，而没有相应预案的卫星则只能听天由命，很多会因为辐射强度超标而引发各种故障。

超级太阳风暴的第三波攻击最为猛烈，发生在一天以后。太阳风暴所裹挟的太阳日冕物质和强磁场将吞没地球，受到冲击的地磁场严重变形，大气层向外膨胀，此时卫星首当其冲，有如风浪中的小舟，卫星控制者将忙于卫星的自保，而无暇顾及转播业务。更为可怕的是太阳风暴的威力通过地磁场的波动传到了地面。地磁场的快速变化可能激起的电流在密布的输电网中引起电流不稳，严重时，变电站的变压器会发生故障甚至烧毁，1989 年的魁北克大停电就是先例。

现在毕竟不是 1859 年了，人类已经可以通过处在地球上空的卫星直接监视太阳风暴，而大量卫星和地面设备更是织就了捕捉太阳风暴蛛丝马迹的监测网，人类也积累了对太阳风暴的预报经验。从已经过去的太阳 23 个活动周来看，大部分的太阳风暴都是可以被准确地预报出来的。我国国家空间天气监测预警中心依靠风云系列卫星和地基监测设备也已基本具备了太阳风暴的预警能力。

2012 年的超级太阳风暴毕竟是一种假设，由于我们感知太阳风暴仅有 150 年，而了解它也只是近 40 年的事情，至少目前我们还不能说 2012 年超级风暴是否到来，最新的研究只能认定它是一个极小概率事件，也就是说"一切皆有可能"。

尽管 2012 年将发生超级太阳风暴的话题已经被公众广泛关注，我国科学家在谈及超级太阳风暴的影响时仍然谨慎地加了"如果"二字。从目前的太阳活动水平和发展趋势来看，2012 年出现超级事件的可能性微乎其微，国家空间天气监测预警中心的预报人员正在密切关注第 24 太阳活动周的走势。总之，只要密切监视、充分准备，太阳风暴灾害就是可报、可防的。

（原文刊载于《气象知识》2011 年第 4 期）

◎◎。 作品点评

"超级太阳风暴"是一个当时被公众广泛关注的话题，尽管它只是一种假设，但对它可能发生并可能造成的灾难性的影响，很多人是忧心忡忡。正是在这种时候，本文担当起科学普及和释疑解惑的社会责任，用比较通俗的语言，讲述了什么是"超级太阳风暴"，可能造成什么样的危害，如何监测、预报，让人们对这个深奥的话题有了更多的科学了解。文章还特别指出，只要密切监视、充分准备，太阳风暴灾害就是可报、可防的，为那些担惊受怕的人吃了一颗定心丸。2012 年早已过去了，所谓"超级太阳风暴"也没怎么样！科普杂志关注热点，及时做出反应，本文是一个成功的案例。

月牙泉的前世今生

◉ 文/陈华文

凡是见过月牙泉的人,都会发出啧啧的赞叹声,沙漠中有一汪泉水,这好像是梦幻中的风景。

月牙泉:沙漠中的美丽眼睛

"我的心里藏着忧郁无限,月牙泉是否依然;如今每个地方都在改变,她是否也换了容颜。"歌手田震在《月牙泉》中这样唱道。一个不能回避的事实是:近几十年以来,月牙泉水位大幅度下降,水域面积不断缩小,直接导致自然环境的恶化。

地处甘肃河西走廊最西端的敦煌是闻名遐迩的旅游胜地。如果说莫高窟、西千佛洞、阳关等名胜彰显了这座城市人文遗迹的厚重,那么形状酷似一弯新月的月牙泉则堪称大自然的神奇造化。月牙泉在甘肃敦煌市区以南约5千米,它与周围的鸣沙山相映成趣,构成举世闻名的沙漠奇观,可谓"山以灵而故鸣,水以神而益秀"。

关于月牙泉,有很多神话传说,其中流传最广的有两个版本。一种说法是:敦煌附近有一座香火旺盛的雷音寺,一次寺里举行浴佛节,当进行到"洒圣水"这一环节时,方丈端出一碗圣水,放在寺庙门前。忽然,一个邪恶的术士挥剑作法,刹那间天昏地暗,黄沙铺天盖地席卷而来,顿时把雷音寺掩埋了起来。可是,那碗圣水却未进一颗沙粒。术士又施法朝碗内填沙,直至碗的周围形成了一座沙山,但圣水碗还是安然如故。据说,这碗圣水是佛祖释迦牟尼赐予雷音寺的宝物。很快,圣水喷涌而出,形成月牙泉。

另一种说法是:汉武帝时期,大将军李广利东征西域,大队人马行至鸣沙山下，天气燥热，兵马非常饥渴，但李广利忠君征战的决心坚不可摧。也许是他精诚所至，感动了观音菩萨，观音将手中的瓷瓶向下抖动了几下，于是银豆似的水珠倾泻而下，汇在一起，从此便形成了月牙泉。

有关月牙泉的文字记载，最早见于东汉时期的辛氏《三秦记》："河西有沙角山……又山之阳有一泉，云是沙井，绵历千古，沙不填之。"沙角山对应着如今的鸣沙山，沙井则是月牙泉的古名。敦煌春、夏、冬三季多风，小风扬尘起土，大风则飞沙走石。月牙泉四面被鸣沙山环抱，流沙与泉之间仅有数十米，但鸣沙山和月牙泉"山泉共处，沙水共生"，千百年来的流沙并没有将泉水掩埋。清朝时，月牙泉波光粼粼，鱼翔浅底，湖边菖蒲丛生，经商的驼队路过此地，传来悦耳的驼铃声。20 世纪 50 年代，月牙泉水面东西长 218 米，最宽处 54 米，平均水深 5 米，水量充沛。然而近些年来，月牙泉水域面积逐年缩小，水位急剧下降，大有枯竭之势。

据可以考证的资料，月牙泉距今已有 1.2 万年的历史了。说到月牙泉，不能不提及鸣沙山。鸣沙山东起莫高窟，西至党河水库，延绵 20 多千米，最高海拔 1700 余米。远望而去，鸣沙山峰峦高低起伏，如刀削斧劈，蔚为壮观，一道道沙峰，如同金子一样灿烂、绸缎一样柔软。而沙山下的月牙泉，水质甘洌，澄清如镜，这一泓清泉，仿佛文静的妙龄女子，和鸣沙山长相厮守。

月牙泉不是佛祖的圣水，也绝非圣泉。有调查资料显示：1987—1997 年的 10 年间，月牙泉水域面积由 9000 平方米减少到 5667 平方米，最大水深由 4.2 米下降到 2 米。10 年内泉水面积每年平均缩小约 300 平方米，周长每年平均减少 10.5 米，水深每年平均下降 0.22 米。2001 年初，月牙泉解冻后水位急剧下降，泉中间出现几十平方米的沙底，形成一块"小岛"，使月牙泉的声誉大打折扣。

而月牙泉南岸的鸣沙山，多年来由于上部土层缺水，这里的一些沙枣树已经死亡，残存的树枝在风中愈显荒凉。月牙泉处在敦煌绿洲的南部边缘地带，周围自然植被稀少，基本上呈现出半荒漠和荒漠化景观。有专家担心，月牙泉水位的下降如果长期得不到有效控制，还会加速风沙的发育，进而造成周边生态环境的变化。

为了不让月牙泉干涸，为了月牙泉再现传说中的美丽，当地曾经进行两次掏沙清淤，以确保月牙泉水域开阔，但是效果甚微。为了拯救月牙泉，5 年前启动了回灌补水应急工程。经过不断地"输液"补水，水域面积稳定在 6000 平方米左右。也就是说，现在月牙泉里的泉水，是通过地下管道定期从其他水源灌进来的，月牙泉里的自然泉水，其实早就干涸，这是一个鲜为人知的秘密。

科学揭秘：月牙泉是这样"炼成"的

那么，月牙泉究竟是如何形成的？为什么水位迅速下降？这一连串的疑问，不仅困惑着人们，也引发了水文地质专家的思考。经过科学考察与研究，月牙泉之前世今生，慢慢地揭开了神秘的面纱。

月牙泉的形成，主要取决于其所处的地质结构、低洼的地形条件、较高的区域性地下水位三个方面的因素。300 万年以来，地形构造的上升和沉降运动，使党河和西水沟不断形成和发育，并使南部山区大量的碎屑物质源源不断地被搬运到盆地中沉积下来。

低洼的地形条件是月牙泉形成的又一个重要因素。第四纪以来，敦煌盆地松散的堆积物基本是以沙枣园和西水沟为中心，由南向北呈现出辐射状扩散，并形成了以沙枣园和西水沟两地为轴心的沉积区域，随着沉积物的堆积，最后形成了党河和西水沟两个一大一小的扇形地形。

这两大冲洪积扇的扇顶及轴部地形较高，向边缘地面逐渐降低并趋于平缓。党河冲洪积扇和西水沟冲洪积扇分别位于月牙泉的东西两侧，随着两个冲洪积扇沉积物的不断扩展和堆积，两扇体相邻的两个边角逐渐靠拢并形成对接。由于沉积物的堆积主要分布在水流流线辐射范围之内，而辐射区外围，特别是扇间洼地一般很难接受到大量的沉积物，这种物质在地域上堆积的不平衡性，又直接控制着地形的高低和起伏。

在两扇对接的内边和月牙泉南部断层为边界的三角形区域内，属于党河水流和西水沟水流流线辐射区域之外，基本上为沉积物难以进入的死角区。在外部不断接受沉积和地形逐渐增高的同时，该三角形区域内则成为相对的低洼地形，洼地为月牙泉的形成提供了有利的地形条件。大约 1 万年前，区内气候逐渐趋于干旱，风积、风蚀作用加强。风积作用使月牙泉南部及其周边堆积了大量松散的风积沙层，地貌上形成了一个向南部弯曲的弧形沙丘。

风蚀作用使沙丘内湾部分的洼地不断加深，经过风积、风蚀等综合作用的改造，便形成了鸣沙山和月牙泉这一美丽奇特的现代地貌景观。

月牙泉底部的地质结构和洼地的形成，构成了泉域地下水贮存的空间和低洼的地形条件，而区域性地下水位较高才是月牙泉形成的重要因素。从水文地质条件来看，月牙泉周边除东部有一开口外，其他三方均被沙山所包围，尽管风沙的堆积使西部和北部构成了泉域与外围冲洪积平原的地表分水岭，但由于现代风沙下部均为数百米厚的第四系松散堆积物，泉域地下水与外围平原区地下水仍然形成了一种天然的补、径、排关系。根据资料分析，泉域地下水主要来源于西北部冲洪积平原区地下水的补给，在大型水利工程修建和地下水大量开采之前，敦煌盆地区域地下水位普遍较高。20世纪40年代末期，当时敦煌城区及其南部地区，地下水高出2008年水位10米左右。在这种较高水位的条件下，西北部地下水通过地下径流进入泉域后，在地形较低的洼地溢出地表，即形成了月牙泉。

从上面的科学分析中，用最简练的语言可以这样概括月牙泉的"前世今生"：

大自然是一个有序和谐的系统，古老的党河，为月牙泉提供了弥足珍贵的水源。党河的水，不分昼夜自西而东奔腾着。清澈的雪山之水，灌溉着庄稼，孕育着生灵。那汹涌的河水，沥经沧桑岁月不断冲刷，慢慢形成了洪积扇。自此，大量河水渗透到地下，成为隐形地下水。而月牙泉，正处于党河洪积扇东南部沙丘间的洼地上，其下又恰好是非常有利于水流动和蓄水的砾石层。长年累月，地下水大量淤积，慢慢从洼地露出地表，形成了神奇美丽的月牙泉。可谓是，大漠深处有此一泉，狂风黄沙中有此一水，满目荒凉中有此一景，深得天地之韵律、造化之神秀！

保护生态：月牙泉永不干涸的唯一出路

月牙泉原本平衡的生态环境，近几十年来被迅速打破。由于经济社会的发展和人口的持续增长，尤其是农业用地不断开垦，用水量急剧增加。为了充分利用党河之水，1975年3月，有关部门在党河上游拦腰建成水库。最初几年，水库在农业生产中发挥着积极作用。可是，原本波涛滚滚的党河下游逐渐干涸，河床裸露见底。地表水的缺失，直接影响地下水的补给。有数据表明，1975 年至今，敦煌地下水位共下降了 10.77 米，平均每年下降 0.4 米。这对月牙泉可谓"釜底抽薪"，缺少地下水的给养，其地表以上的水位逐年下降也就不足为怪了。

当然，月牙泉水域缩小和水位下降还有其他原因。其中，气候干燥是一个不可忽视的因素。每年，这里降水量不到 50 毫米，而蒸发量却高达 2400 毫米，来自"上天"的压力，虎视眈眈地盯着可怜的泉水。此外，农业和人口的压力，也是月牙泉水位下降的重要原因。解放初期，敦煌地区有耕地 13.4 万亩(1 亩≈666.67 平方米)，如今已经突破 32 万亩，为了寻求更多的水源，不得不朝地下开采。现在，敦煌地区林立 2000 多口机井，它们如同一张张贪婪的巨口，拼命地吞噬着地下水。目前，敦煌地区每年开采地下水达 5000 万立方米，这已达到超采的极限。地下水过度开采，导致区域地下水逐年下降，地表开始严重沙化，绿洲植被面临考验。

月牙泉水位之所以下降，既有自然因素，也有人为因素。前者主要包括水面蒸发和风沙淤积，总体而言影响程度较小，不会造成水位短期内的大幅度下降。有关专家认为，人为因素才是导致水位下降最主要的原因。

为了恢复月牙泉的生态，目前，敦煌市管理部门推出了"禁止开荒、禁止移民、禁止打井"的管理办法，并且加大了对滥垦乱开荒地、无序移民和非法开采地下水的查处和打击力度。敦煌市已计划发展高效节水农业，配套高新节水技术；逐步关闭部分农用机井，减少对地下水的抽取；并对城乡人畜饮水和生产经营性用水限量予以供给等等。在此基础上，敦煌还要推广沟灌、滴灌、管灌等节水灌溉方法，调整产业用水结构，减少农业用水，积极扶持低耗水、高产出的旅游产业。

人类只有一个地球，它是我们赖以生存的共同家园，任何一个环节出现故障，最后付出代价的还是人类自己。月牙泉在这个庞大的生态系统中，与大自然的命运休戚相关，它是苍天派到西北的环境使者，时刻注视着西北自然环境的变迁；月牙泉还是沙漠中明亮的眼睛，如果它愤怒地闭上了，那么整个敦煌地区的生态状况，可能会重蹈楼兰古城的覆辙。

（原文刊载于《气象知识》2011 年第 5 期）

◎◎。 **作品点评**

　　月牙泉、鸣沙山、莫高窟，都是敦煌令人心驰神往的旅游胜地。特别是具有1.2万年历史的月牙泉，更是沙漠奇观、梦幻中的风景、大自然的神奇造化。然而，令人痛心的是，"近几十年以来，月牙泉水位大幅度下降，水域面积不断缩小，直接导致自然环境的恶化"。其实，这只是表面现象，有些本末倒置。根本的原因正如作者指出的，是月牙泉原本平衡的生态环境和大自然有序和谐的系统近几十年来被迅速打破。气候干燥是一个不可忽视的因素，但过度开发等人为因素才是月牙泉缩小、干枯的主要原因。作者通过揭示月牙泉形成的秘密，月牙泉的神奇，月牙泉的独一无二，呼吁保护生态、保护环境，珍惜月牙泉，爱护地球我们唯一的家园。

在森林的"口授"下创作

——记俄罗斯竺可桢式的人物普里什文

● 文/王奉安

　　他喜欢在大自然中写作,他把大自然作为一生唯一的创作对象,这在世界文学史上是不多见的。他不是凭记忆,而是像画家写生一样,铺纸在潮湿的树桩或光滑的石头上,照着自然界的模样,"在森林的口授下写作"……这就是人们对俄罗斯"绿色作家"米·普里什文的生动描述。《普里什文文集》的出版使中国读者第一次有机会全面认识这位另类作家:他选择的不是文学的"康庄大道",而是人迹罕至的"幽暗小径"。《普里什文文集》中一篇篇"绿色作品"引领许多读者走进"小径"深处,步入一个绿意葱茏的环保文学领域。

　　普里什文是20世纪俄罗斯文学史上独具特色的诗人作家。在长达半个世纪的文学创作中,历经俄罗斯文学发展中批判现实主义的衰落、现代主义的崛起和社会主义现实主义的繁盛,却始终保持了"与大自然为伍"的个性化。他的创作不仅拓宽了俄罗斯现代散文,而且具有世界文学的价值。普里什文1873年出生于奥廖尔省一个破败商人家庭,童年在乡村度过。上中学时对当时兴起的马克思主义产生兴趣。19世纪末—20世纪初,青年时代的他经历了俄罗斯民主思潮洗礼。1894年考入拉脱维亚里加综合技术学校,不久开始翻译德国革命家倍倍尔的作品。1897年因传播马克思主义被捕入狱。出狱后留学德国莱比锡大学,攻读农艺学。此间大量阅读了荷兰哲学家斯宾诺莎,德国哲学家、天文学家康德,德国哲学家、作家尼采和德国作家歌德等人的著作。1902年回国,在莫斯科近郊的克林和卢加地区做农艺师。其后受著名民俗学家翁丘科夫委派,到俄罗斯北方、白海沿岸的密林和沼泽地带进行地理、人文考察,搜集到大量珍贵的民间文学,写成了令世人惊叹的随笔集《飞鸟不惊的地方》。

　　普里什文生活、创作的年代，很长一段是政治化过热的年代，但普里什文走的是边缘道路，既不逃避人生现实，又不被政治所左右，而是独辟蹊径。或许他天生就不属于爱凑热闹的人，什么事都喜欢独自思考。为此，他悄悄走进了大自然，并终生以大自然这个题材写作。普里什文写的自然，不能简单理解成今天的世界环保主义，虽含有这个元素，但比之更为广泛。他笔下的自然，从关悯人生、关切人间的人性化角度出发，从人类的福祉看自然，而不是机械地从自然的角度看人类。他的个人生活轨迹与美国19世纪的梭罗颇有相似之处，他很多年接近大自然，并长时间在乡村、林地中生活，而很少回莫斯科。高尔基、帕乌斯托夫斯基都曾赞美、羡慕过他的自由自在。普里什文的一生，是"按心灵的吩咐"而生活的榜样。普里什文说过：幸福就是做自己喜欢做的事情。

　　普里什文首先是一个气象学家和园艺学家，他像我国气候学家竺可桢那样写了50多年的大自然观察日记，一生的关注点都在大自然上，甚至卫国战争都没把他拉出大森林。他一生的重要作品都是通过随笔形式发表，几乎都是没有进行修改的、原汁原味的观察日记。为了观察鸟的变化及行踪，他有时能趴在森林的土地上，匍匐爬行一两千米。他的观察具有一般作家所没有的精确性、连贯性和持久性，他所获得的细节是常人所感受不到的。无论是一束越来越强的光、一片渗出来的水、一棵淌着树汁的白桦、一片最初的积云，还是两只在空中翻筋斗的乌鸦，在普里什文的笔下，都是独具个性色彩的。普里什文不用光艳的辞藻堆砌精致的意境，也不以炫目的修辞夺人耳目、摄人心魄。他的眼睛敏锐，话语素雅而耐人寻味，这些文字似乎都给人一种干净、细密、滋润、酸甜可口、维生素丰富的感觉，你会觉得很清淡，又很有营养。

　　他在大自然清新的空气中完成了《跟随神奇的小圆面包》《在隐没之城的墙边》《黑阿拉伯人》等随笔集，分别记述自己的旅行经历。在20世纪20—30年代，相继推出自传体长篇小说《恶老头的锁链》，随笔集《别列捷伊之泉》《大自然的日历》《仙鹤的故乡》，中篇小说《人参》等。普里什文不仅把自然与日常生活、人的情感结合起来，而且第一次把"大地本身"当做故事的主体。20世纪40—50年代是普里什文创作鼎盛时期，《没有披上绿装的春天》《叶芹草》《林中水滴》《太阳宝库》《大地的眼睛》《船木松林》以及未完成的《国家大道》，都为他带来广泛声誉。

普里什文将大自然的一切视做宝藏，每一天都有惊喜的发现。在他的笔下，独立的点点滴滴构成了大自然的呼吸，每一个呼吸的姿势和表情都拥有不可复制性。于是，点滴再现全体。他的笔功，在素描之上，把点彩和镶嵌作透。动植物细部纤微的变化，都摇动着风的创造、雨的秩序和心的话语。他的一些具有环保理念的超前之作，比世界公认的现代生态文学经典《寂静的春天》早出现 10 年。哲思和高度的诗意美，是普里什文作品的基点，几乎刚一落笔，就立即深深地嵌入人生意味。他在《松树的方式》一文中写道："难得看到松树垂下自己的翅膀——树枝；它们在生长的时候，甩掉自己身上留在阴影里的一切，一心向上的树枝仿佛要把整棵大树都带上天去。"由此可见一斑。普里什文的魅力，在于他赋予每一个动物和植物、每一个存在和每一个现象一个真实的意象。他的单纯和执著让人感动。年近 8 旬的他还会一个人开着汽车去湖边观鸟。为了安静地写作，他在离家稍远的树林中一处风景甚好的地方埋了木墩子，旁边又安放了一张小桌子。为了累时靠一靠，他在木墩子上钉上结实的立柱，立柱上再钉块板子当靠背。林间的牧羊姑娘称赞他做的是"维也纳扶手椅"。1954 年，普里什文于莫斯科近郊林中别墅内逝世。

早在 20 世纪初，高尔基就认识到普里什文作为艺术家的独特性。他夸赞普里什文的作品言之有物、结构严整、内容丰富、真实可感，达到了俄罗斯文学史上未曾有过的完美程度。他在《论米哈伊尔·米哈伊洛维奇·普里什文》中赞叹道："在您的作品中，对大地的热爱和关于大地的知识结合得十分完美，这一点，我在任何一个俄国作家的作品中都还未曾见过。"高尔基甚至将普里什文作为苏联文学的范本加以提倡："通过他，我看到了似乎还不尽完善，却被一双天才之手描画的文学家的形象，苏联文学就应该是这样。"勃洛克在为普里什文的特写集《在隐没之城墙边》所著的评论中也指出，普里什文极好地掌握了俄罗斯语言，许多纯粹的人民语言，虽然已经完全被当时"表面化的文学（主要指城市文学）所遗忘"，但对普里什文来说仍是鲜活、有力的。法捷耶夫则在致普里什文的信中承认："《飞鸟不惊的地方》是培养我成人的书籍之一。"作为普里什文开创的哲理抒情散文传统的直接继承者，帕乌斯托夫斯基对这位文学前辈评价甚高。他认为，普里什文的一生是诚实的一生，他所写俱是其所愿，从不违心地趋时附势或追逐虚名小利。他这样的人永远都是生活的创造者和人类精神的丰富者。"普里什文，仿佛就是俄罗斯大自然的一种器官。"大到一片森林，小到一颗水滴，当其钻石一样的文字活跃在人眼前的时候，能不亮晶晶地泛着生命的光泽和神奇的魔力吗？

如今，每一个城市人，正在失去身处大自然中那本该拥有的细腻、温情、善良与爱的呵护。我国《人民文学》杂志副主编、作家肖复兴说过，为了抵御这种丢失，他常去读一本书，那就是普里什文的《林中水滴》。大自然纯净而清新的律动和情感从这本书中流淌出来，让呆板、干涩和隔膜的心得到一丝丝的滋润和抚慰。我国中山大学教授谢友顺曾在《人民日报》上发表《文学中应有鸟语花香》一文，呼吁"我们的作家要走进旷野和荒原，用自己的耳朵、眼睛、鼻子和皮肤写作，感受晨曦一点点将万物显露、夕阳将风景逐渐模糊的过程"。而这些，普里什文早已做到了。

（原文刊载于《气象知识》2011 年第 5 期）

◎◎。 **作品点评**

作者用生动的语言描述了俄罗斯的"另类作家"普里什文与大自然为伍的写作生涯，看了令人为之动情。普里什文是一个气象学家和园艺学家，他像竺可桢那样，写了 50 多年的大自然观察日记，一生的关注点都在大自然上。他们的共同特点，就是热爱大自然、崇拜大自然、呵护大自然，他们对大自然倾注了无限的热爱和深情。在当今世界，在自然环境受到严重破坏，地球村受到无情摧残的今天，这是多么可贵的精神和情怀。本文作者满怀热情地为我们讴歌普里什文，就是要为我们再树立一个学习的榜样。鸟兽鱼虫皆有命，一枝一叶总关情。他们都是地球生物链中的重要成员，是我们的邻居、亲人和朋友。我们都应该像竺可桢、普里什文那样，关爱大自然、呵护大自然，真正构建起人与自然的和谐共处关系。这也是本文的积极意义所在。

巧用天气因子破案实例

◉ 文/赵桂香　常素萍

　　天气与人们的生产生活息息相关，随着社会经济的不断发展，气象对各行各业的影响越来越广泛。可以说，气象已经渗透到了社会的方方面面。天气与破案也有着千丝万缕的关系。

是雷击还是人为事故

　　1989年的3月，北方某城市，一位年轻人在高空作业时被电击身亡，当时的结论是雷击致死。对此，死者家属一直存有疑问，但苦于找不到突破口。那时候人们对气象还没有现在这样关注。4年后，死者家属提出重新查找线索，怀疑是人为事故，理由是当时正值3月，气温很低，从常识上判断不太可能出现雷击。抱着这样的疑惑，死者的家属和有关部门想通过当地气象部门查找历史资料。

　　气象部门的工作人员接到任务后，反复认真查阅了事发当时的历史记录，包括当时经历了什么样的天气、天气现象有无雷暴的记录以及气温、气压、风等气象要素，并全面分析了当时的天气实况图，发现当时刚刚经历过一次降温天气过程，温度非常低。根据科学判断，大气层结是稳定的，发生对流的可能性很小，而且也没有雷暴的记录。结合历史上当地的雷暴记录最早出现在4月份，有关部门在走访当时的目击者、调查了一系列相关证据后，得出死者确实不是雷击身亡的结论。

　　一组小小的气象数据，一次科学的判断，还死者一个真实的说法。

是撒谎还是另有隐情

　　1994年11月，发生在北方一座小县城的一桩命案引起了人们的关注。丈夫在持刀杀死妻子后，伪造现场，制造了自己不在现场的假象，并找来证人为自己开脱。法庭上,丈夫振振有词,辩解自己不在现场。而证人也当庭作证,说自己在自家阳台上亲眼看见死者的丈夫早晨7点从西北方向回到家中。法庭上一片肃静,证据指向了有利于嫌犯无罪的方向。死者娘家人情绪激愤,当场拍着桌子破口大骂。

这时,死者的辩护律师缓缓陈述道:死者的家距离当地气象部门不远,据当地气象部门历史资料记载,案发当时正值特强浓雾弥漫,能见度不足50米,而证人所说的那个距离至少有300米,这个距离是看不清楚任何东西的。随即,律师出示了当地气象部门的历史记录和走访当地居民案发有关当天天气情况的证据。在证据面前,丈夫终于哑口无言!一场精心设计、看似天衣无缝的杀人案,就在一组小小的气象数据面前,真相大白。

究竟死于几点

2011年7月,太原某区发现一具尸体,而前一天晚上刚刚下了雨,地上都湿湿的。当警察将尸体翻过来时发现,尸体浑身都是湿的,可尸体下面的地面却是干的。警察打电话到气象部门,咨询前一天晚上究竟什么时候开始下的雨、下了多大。气象部门的值班人员非常认真负责地为这位警察查询了当时的降水记录。

也许您会问,这与下雨有关系吗?您想,尸体身上是湿的,而下面的地是干的,就说明尸体在下雨之前就已经在这里了,几点开始下雨对判断命案的发生时间至关重要,而确定案发的时间是破案的基础。

(原文刊载于《气象知识》2011年第6期)

◎◎ **作品点评**

文章的选题新颖独特,很吸引人。大家都知道,气象与人们的衣食住行关系密切,但很少有人知道,气象与破案关系也很密切。作者通过三个案件证明了这一点。案件很简单,案情也不复杂,但是,若不考虑气象因素,没有一定的气象知识,就很可能办出错案、冤案来。由此可见,不管你在什么地方,从事什么工作,学习和掌握一定的气象知识,经常考虑和及时了解有关天气的背景、变化,对你的生活与工作,都会有很大的帮助。

揭开"小女孩"拉尼娜的神秘面纱

● 文/孙　楠

近年来，在媒体的帮助下，厄尔尼诺这个名词已不陌生。但笔者通过街头调查发现，对于拉尼娜这一名词，老百姓还知之甚少。

何为拉尼娜？它为何会出现？它会对全球气候带来哪些影响？

"小女孩"降临——赤道中东太平洋变冷

秘鲁是南美洲西北部国家，位于太平洋东海岸的赤道南侧，富饶美丽的海洋是沿岸居民取之不尽、用之不竭的宝库，他们成群结队地驾着小船出海捕鱼。越来越多的营养物质从海底上翻，鱼儿个个吃得圆润。渔民年年岁岁的经验告诉他们，顽皮的"小女孩"来了！

"小女孩"是人们对拉尼娜的亲切称呼，她又被叫做"圣女"，即反厄尔尼诺现象，是指发生在赤道中东太平洋海水大范围持续异常变冷的现象。当这片东西长上万千米、南北宽上千千米的海域，气温低出常年平均值 0.5℃ 时，即进入拉尼娜状态，持续 6 个月以上便形成一次拉尼娜事件。

2010 年 5 月，持续近一年的厄尔尼诺事件结束，赤道中东太平洋海温迅速走低，2010 年 7 月进入拉尼娜状态，形成一次拉尼娜事件，持续至 2011 年 4 月结束。2011 年 7 月开始，海表温度再次"跳水"，8 月已转变为略偏低状态。9 月以来，赤道中东太平洋平均海表温度距平低于 -0.5℃，表明赤道中东太平洋再次进入拉尼娜状态。

从 1951 年至今，共发生过 13 次拉尼娜事件。历史上最强的拉尼娜事件成熟期，赤道中东太平洋海温平均低于常年同期 1.8℃。

信风中的好朋友——拉尼娜与厄尔尼诺相随而来

人们不禁疑惑，为何会出现大范围的海温变化？

赤道附近盛行信风，海水表面受信风影响，自东向西流动。信风的存在使得赤道东太平洋地区大量暖水被吹向赤道西太平洋地区，因此，西边较东边海域明显偏暖，并且，海面高度呈现西高东低的趋势。

当信风加强时，中东太平洋的暖水更多地被吹向西边，赤道西太平洋变得更暖。同时，赤道东太平洋深层较冷的海水上翻现象更加剧烈，导致赤道中东太平洋海表温度异常偏低，"小女孩"拉尼娜乘风而来。

世间的事物总是成双成对地出现，有了暖就会有冷。就像跷跷板一样，当信风减弱时，没有足够强的支撑力推动海水由东向西运动，赤道西太平洋温度会降低，东边温度会升高（即"小男孩"厄尔尼诺出现）。

他们就像一对相亲相爱又性格迥异的兄妹，既充分展示着各自完全不同的个性，又相互依赖而生存。一次厄尔尼诺还在赤道中东太平洋轰轰烈烈地显示着他的巨大威力时，另一次拉尼娜却已经悄无声息地开始孕育。

拉尼娜与厄尔尼诺循环波动是正常的自然现象，海温变化呈现波浪曲线，平均2~7年完成一次交替。

"小女孩"的叛逆期——拉尼娜影响具有全球性

正如顽皮的"小女孩"一样，拉尼娜的出现，会给自然界带来不小的麻烦，极端天气事件更容易发生。

通常情况下，赤道中东太平洋持续偏冷，对流区的西移使得东太平洋降水大大减少；而西太平洋一带温度相对较高，西边的大气吸收了海洋的热量和水汽，变得活跃起来，空气又湿又暖向上抬升，水汽凝结致雨，直接导致这一带降水增多。

南美沿岸国家因此少雨，出现干旱，而印度尼西亚、澳大利亚东部则异常多雨。海温直接影响大气，大气环流不仅使其周围地区受到影响，而且还会波及非常遥远的地区。拉尼娜虽然发生在距离我国遥远的中东太平洋，但她通过大气环流的遥相关成为影响中国气候异常的一个强信号。

"小女孩"的到来，通常有利于冬季风偏强，使得我国冬季偏冷。1951年以来发生的 13 次拉尼娜事件中，有 9 次出现了冷冬。2007 年年末至 2008 年年初，我国经历了大范围的雨雪冰冻天气，航班延误、公路瘫痪，大范围的雨雪阻碍了过年回家的人流，严重影响了人们的生产生活。国家气候中心首席科学家任福民曾说，鉴于拉尼娜和厄尔尼诺对全球气候产生的巨大影响，它们已经成为气候预测的重要因子和依据之一。"但气候形成的原因是多方面、错综复杂的，常常是各种气候因子综合作用的结果，我们不能断言拉尼娜的发生一定会使某个地区的气候发生某种特定的异常。"

拉尼娜发威——雨雪齐降的幕后推手

2011 年 4 月结束的"小女孩"拉尼娜事件，对天气气候带来了不可小觑的影响。

由于"小女孩"加热的温暖水汽及其他天气因子，带来了持续的降水，海南于 2010 年 10 月出现持续暴雨。

这次拉尼娜还在北太平洋北部高纬度地区上空形成一个顺时针旋转的高压气团，在高压前偏南气流的引导下，极地冷空气南下直接影响北美大陆，12 月中旬，北美洲大部分地区白雪皑皑，进入长久不遇的寒冬。

但不能将任何一次降水、降温都归咎于拉尼娜，大气环流才是导致每一次天气过程的直接原因。比如同样受到拉尼娜影响的 2008 年与 2010 年冬天，大气环流的形势却有很大的不同。2008 年冬季，北极地区的极地冷空气盘踞在北极，相对较暖的空气围绕在极地冷空气周围；2010 年冬天的极地冷空气却不受相对暖空气的束缚，大举南下。南方水汽的补给也不尽相同，海洋上拉尼娜的形态和中心位置也不一样。因此，2010 年冬季没有发生类似 2008 年的南方大范围低温雨雪冰冻灾害。

（原文刊载于《气象知识》2012 年第 1 期）

◎◎。 **作品点评**

本文用生动形象的语言，介绍了"小女孩"拉尼娜的形成及其对全球天气、气候的影响。并明确指出：不能将每一次降水、降温都归咎于拉尼娜，大气环流才是导致每一次天气过程的直接原因。文章具有知识性和可读性。

揭开人工增雨的面纱

● 文/姜永育　图/王　晓

《西游记》里有一个故事：天竺国凤仙郡郡侯在祭拜天神时，因一时疏忽，惹恼了玉皇大帝。玉皇大帝一生气，就让那个地方 3 年没有下雨，持续的干旱使得人们无法生存。后来唐僧师徒取经路过，孙悟空上天找玉皇大帝论理，玉皇大帝自知理亏，才下令降下了大雨。

下雨，难道真的是玉皇大帝的专利吗？神话传说当然不可信。随着科学技术的发展，咱们人类早就掌握了"呼风唤雨"的奥秘。下面，咱们一起去看看气象工作者是如何实施人工增雨的。

高射炮向天"要雨"

"轰轰轰……"一走进气象局，正赶上工作人员在开展人工增雨作业。只见两个工作人员站在一门三七高射炮上，一边瞄准天上的黑云，一边猛踩发射器。一发接一发的炮弹瞬间钻入云层，过了很久，才听到空中传来沉闷的爆炸声。"1，2，3，4……"工作人员一边数数，一边在本上快速记着数字。咦，他们在数什么呢？原来，工作人员在数炮弹的爆炸声。一般情况下，发射了多少发炮弹，就应该有多少声爆炸。如果炮弹没有爆炸，落到地面上就比较危险了。

向天上打炮，老天就会下雨吗？原来，工作人员用的可不是一般的炮弹。这种炮弹里面装了一种叫"碘化银"的催化剂。炮弹一爆炸，碘化银便在空中像仙女散花一样，四散播撒开来。由于碘化银有结晶作用，会在云中不停吸引水汽，像裹雪球一样越长越大，当它们长大到一定程度，上升气流托不住时，就会坠落到地面上，从而形成了降雨。

正说着，豆大的雨粒"噼噼啪啪"打下来。"下雨了！下雨了!"周围的群众一阵欢呼。

工作人员告诉我们，人工增雨的方法多种多样，除了用高射炮发射催化剂外，还可以利用火箭、飞机、气球播撒催化剂，以及地面烧烟法等。其中，最常用的 3 种人工增雨设备是高射炮、火箭和飞机。

看过了高射炮人工增雨，咱们再去看看火箭和飞机是如何进行人工增雨作业的。

火箭弹上天"催雨"

这一次，我们来到一个配备了车载火箭发射装置的气象部门，看他们如何进行人工增雨作业。

接到增雨任务后，气象工作人员立刻驾驶一辆敞篷汽车出发了。用于增雨的火箭发射架固定在车厢里，3 枚近 1 米长的火箭弹已经装上了发射架。火箭弹的头是尖尖的，后面有尾翼，它的飞行高度比高射炮弹高得多，而且携带的催化剂也比炮弹多，因此，用火箭弹增雨的效果比高射炮更好。

火箭弹发射催化剂

汽车驶出城郊，在一个比较空旷的地方停了下来。一下车，气象工作人员便忙碌起来。他们把电线的一端连接在发射架上，另一端和遥控发射器连在一起。由于火箭发射时震动很大，为了确保安全，工作人员必须远离发射架进行遥控发射。一切准备就绪，但操作人员仍迟迟没有按下发射按钮。他们在等什么呢？原来，为了飞机飞行安全，工作人员必须征得空域管理部门的同意，空域管理人员说可以发射了，操作人员才能开火。

"准备发射！"随着一声口令，操作人员迅速按下了发射按钮，只听"轰隆"一声巨响，烟雾弥漫，火箭弹拖着一道火光向天上飞去。紧接着，第 2 枚、第 3 枚火箭弹也腾空而起。过了差不多 1 分钟，空中才传来沉闷的爆炸声。火箭上天后不久，原来淅淅沥沥的雨突然大了起来，我们也赶紧找地方躲雨去了。

看过火箭弹增雨作业后没几天，我们又有幸亲身经历了飞机人工增雨作业。

飞机穿云"降雨"

飞机人工增雨作业，一般都是在晚上进行。作业人员告诉我们，这是因为晚上云层稳定，天气条件更适合开展人工增雨作业。

傍晚 7 点多，我们来到机场，远远便看到一架增雨小飞机停在机场上。在飞机的两扇机翼后端，各挂着一个架子，每个架子上都装满了碘化银，远远望去就像两个蜂巢式火箭发射筒。增雨的飞机，一般人是不能随便上去的，必须经过严格审批才允许登机。一切准备就绪后，在螺旋桨的轰鸣声中，我们的飞机拔地而起，向漆黑的夜空飞去。

飞机不断爬升，不一会儿便一头扎进厚厚的云层之中。这时四周一片昏暗，舷窗外除了迅速飘过的云块外，什么都看不到。开始增雨作业了，作业人员一摁控制器上的按钮，安装在飞机两侧机翼下的特殊装置便开始自动撒播碘化银。那些碘化银就像一粒粒细微的"种子"飘散在云层之中，它们不停吸收云中的水汽和小云滴，不断使自己成长壮大，并最终形成雨水降落到地面上。

在整个增雨过程中，作业人员各司其职，他们有的观测云层状况，及时撒播碘化银；有的负责信息交换，时刻和地面上的指挥中心保持联系。这时，地面上的指挥人员也在忙碌着，他们通过雷达等现代化设备对天气状况进行监测，并结合空中云的状态，及时向飞机上的人员发出指令，指挥操作人员有的放矢地开展人工增雨作业。

增雨作业整整进行了两个多小时，携带的碘化银撒播完了，我们的飞机才平稳返回机场。这次增雨十分成功，增雨范围达数万平方千米，不少地方都降下了大雨，增雨的效果是高射炮和火箭弹远远不能相比的。

飞机撒播催化剂

见识了几种人工增雨的方法后，相信大家都迫切想知道人工增雨作业有哪些用途了吧。

人工增雨有哪些用途

说起人工增雨的用途，那可真是太多太多了。下面简单向大家作一介绍。

人工增雨的第一种用途，是抗旱解渴。干旱是大自然最严重的灾害之一，旱灾发生时，往往数月滴雨不下，赤地千里。旱灾像一只张着大嘴吐火的巨兽，把大地烤得一片枯焦，许多地区人和牲畜饮水都十分困难。在这种情况下，各省气象部门的人工增雨作业人员纷纷行动，他们抓住稍纵即逝的有利天气条件，出动了人工增雨高射炮和火箭车，有的地方还动用了增雨飞机。

经过十多次甚至几十次的人工增雨作业，"吝啬"的老天不得不降下了甘霖，起到了缓解旱情的作用。

人工增雨的第二种用途，是森林灭火。每年冬春季节天气干燥，是森林火灾的高发时期。这时期的森林一旦着火，扑灭就十分困难，怎么办？专家们想到了一个好办法：利用人工增雨，请老天爷帮助扑灭森林大火。如2005年我国四川省木里县发生了森林大火，就是利用人工增雨降下大雨，然后扑火队员再乘胜追击才降伏了火魔。

人工增雨的第三种用途，是消雨。近年来，各地的大型活动越来越多，而且这些活动又多在露天举行，一旦遇到雨天，活动就要受到很大影响。有办法让老天不下雨吗？当然有，专家们想到了一个好办法：利用人工增雨，使天上的雨提前下完，或者在降雨云系就要到来时，赶紧实施人工增雨作业，把降雨云系"拦截"在活动区外。如2008年8月8日北京奥运会开幕当晚，一条雷雨云带悄悄逼近"鸟巢"，气象部门连续发射了1104枚火箭弹，成功将暴雨云拦截在北京城外，保障了奥运会开幕式的顺利进行。

人工增雨的第四种用途，是消除污染。随着现代城镇工业化的发展，我们居住的城市污染越来越严重，空气质量也越来越差。如何才能让大家呼吸到清新的空气呢？专家们想出了一个特别实用的招术：利用人工增雨增加城市降雨，从而消除污染。这一招还真灵，通过常年增雨"洗天"，许多大城市的空气质量明显得到改善，老百姓的身体也越来越健康了。

除了上述几种用途外，人工增雨还有许多好处，比如增雨可以增加水库蓄水量，缓解枯水期电力不足的困难；同时，在利用高射炮、火箭增雨作业时，发射上天的炮弹、火箭弹还可阻止冰雹生成，使人类免受冰雹的危害呐。

（原文刊载于《气象知识》2012年第2期）

◎◎. **作品点评**

现在写人工增雨的文章很多，大都是人云亦云。本文作者用亲临作业现场的写实手法，记录了高炮增雨、火箭增雨和飞机增雨的实况，进而给人以真实感。文章结构合理清晰，语言流畅。

一个天气预报员难忘的 24 小时

写在前面的话：对于大多数预报员，事后回忆起某次天气过程时，刻在脑海中的大多是天气图、雷达图、卫星云图、降水量……如今，隔了数日再回忆起 2012 年"7·21"特大暴雨当天的种种，发现现在的自己如旁白一般看着当天的自己在那里忙碌。因此，这一切用"他"来叙述，或许更为真切。

"浓积云，再往南边还有积雨云。"早起洗漱的时候看一眼窗外的天空已成为他的习惯，"10 点前影响房山，12 点前进城。"心中回顾了一下自己前一日的预报结论，实际情况似乎差不多，于是加快了洗漱的速度，准备出门，时间是 7 点 24 分。

如往常一样，随意买了早饭，走向办公楼，再一次抬头望了一眼乌云密布的天空：积云进一步发展，大雨将要来临。

正对着会商平台大门的电脑，显示的永远是雷达回波图像。对于临近预报，卫星云图观测时间间隔过长，天气图不够直观，唯有 6 分钟更新一次的雷达回波图像可以快捷、实时、直观地显示天气系统短期内的发展趋势。

北京时间 21 日 7 时 36 分，代表降雨云带的强回波信号距离房山不足 50 千米，考虑到雷达图像 12 分钟的延迟，降水比估计的开始时间还要早。

他并未坐下，撑着桌子又看了眼回波图像："回波顶高度超过 10 千米，石家庄以北没有明显回波，应该是西南暖湿气流中激发的降水。"对当天的天气形势进行初步判断后，他才开始和周围的同事打招呼。

虽是周末，但会商平台中依然满是忙碌的身影，众人议论纷纷，脸上的表情前所未有地严肃，唯一的话题便是今天的降雨，交班的过程便在这样不平常的氛围中很快结束。

"和昨天估计的差不多，暖区降水 9 点前就会影响房山，而且雨量不会小。"

"嗯，回波顶最高超过 12 千米了，暖区降水已经很强，系统性降水估计会更强。"

8 点 10 分，简单的两句话便完成了交班，他坐在电脑前，开始例行天气分析。左屏幕是天气图，右屏幕是卫星云图，降水云带从四川盆地一直延伸至河北南部，同副热带高压外围的西南气流实现对接。

"水汽通道完全建立并将持续，北京位于高空急流右前方、低空急流左前方。"他翻着天气图，心里想："这是标准的降水形势！"

8 点 40 分，更新的天气图已传至眼前的电脑，700 百帕高度上的低值涡旋系统已经清晰地形成。想起去年（2011 年）带来"6·23"暴雨的低涡系统，他突然有了一种沉甸甸的担忧："北京的排水系统不知能否经受住考验？"

房山的降雨已经开始，电话铃声也不出意外地响起。"排水集团？降水比估计的要早些，12 点前影响城区。""驾车出行？今天尽量别出门了，必须出去的话也尽量不要开车。"……

9 点 30 分，暴雨蓝色预警发布，地质灾害预警发布，他迅速地传递预警信息。房山部分地区 1 小时降水量已超过 50 毫米，"但愿不会发生泥石流吧！"他心中的担忧更重了一些，开始默默祈祷。

例行的早间预报会商在此起彼伏的电话铃声中进行着。

"一、降雨云带 12 点前影响城区；二、全市降水量 100 毫米左右，部分地区会超过 200 毫米……"

会商结论是所有预报员讨论、合作的成果。条理有序的叙述理由和最终的预报结论是集体智慧的结晶，也是后续工作的基础。

11 点，第二次会商，房山地区的降水量已经开始让人揪心，能见度也因短时强降水出现了不足 50 米的情况。

11 点 10 分，西南五环开始降水，回波强度超过 40dBZ，降水预报准确已不能给他带来开心的感觉。他很清楚，这只是暖区降水，系统主体尚未到达，更强的降水还在后边，他只希望尽可能地为更多的人提供及时准确的气象信息。

这种情况下，安心地吃饭只能是奢望。他一边胡乱扒拉几口饭，一边分析着新接收到的 11 点地面天气图，而电话则始终放在触手可及的位置。

12 点，保定附近一道清晰的弧形强回波带出现在电脑屏幕上，强度超过 45dBZ，强降雨主体向北京移来了。正是午后最容易犯困的时候，但紧绷的神经让他感觉不到丁点儿疲惫。

14 点，暴雨黄色预警、雷电黄色预警发布，紧接着便是提前进行的下午会商——最重要的会商。

房山地区降水量已超过 100 毫米，部分地区超过 200 毫米，会商意见十分一致，而结果则让人更加担忧："强降水仍将持续。"雷电黄色预警随即更新发布。

看着云图中毫无减弱之意的降水云团，谢璞局长点破了大家心头的不安："现在需要密切关注山洪泥石流暴发的可能性，我去向市领导汇报这个问题。"

监视屏幕内，城区部分路段积水已漫过小腿，莲花桥、广渠门桥已无法通行。而房山山区的情况无法看到，仅能通过热心市民打来的电话得知情况不容乐观，抢险工作正在进行。

会商室中的自动语音系统始终在尽职地工作，电子的合成音一次次敲击在众人心头。"自动站中出现较强降水，请注意查看！"房山站超 150 毫米，良乡站超 150 毫米，坨里站超 200 毫米！

终于，北京历史上第一份暴雨橙色预警发布了，"18 点 30 分，这是值得记住的时刻。"不知为何，他突然感到有些冷，从未有过的紧张感裹住了全身，让他不禁打了个寒颤。"加油，做好能做的一切！"他深吸一口气，将紧张感暂时抛下，接过墨迹未干的预警报告，重新回到自己的岗位。

晚饭仍是胡乱地吃了两口，却也感觉不到饥饿。忙碌地接电话，紧张地分析天气，迅速地发布信息，简单的动作填满了他所有的时间。

22 点，继续发布暴雨橙色预警。

夜宵已经备好，直到此时他才感觉到饥饿。但他仍需等待，有完整气象记录以来的最大降雨已给北京造成了巨大伤害，必须尽快完成当天工作的汇总，及时查漏补缺。

敲完工作汇总的最后一个字，时针已指向 23 点 30 分。他突然发现，饥饿感已经消失，疲惫感却不可抑制地袭来。但 20 点天气图清晰地显示，系统并未过境，降水仍将持续，必须坚持。夜宵是馄饨，喝着暖暖的汤汁，他感到体力稍有恢复。

22日0点30分，风廓线仪给出了比较好的预兆，低层逐渐转为西北风控制——天气系统即将过境。

1点，暴雨预警由橙色降为蓝色，他似乎听见所有人都如他一般地长出了一口气。

3点50分，暴雨预警、雷电预警解除，雷达回波、卫星云图均表明天气系统移出北京，降水终于结束了。1个多小时后，新一天的工作便要开始，尽可能地休息是工作的保证，他设定好5点15分的闹钟，便极度疲倦地趴在桌上，手边依然是随时准备接听的电话机……

（原文刊载于《气象知识》2012年第4期）

◎◎。 **作品点评**

本文用第三人称，以叙事体记下了作者——一个天气预报员汛期的24小时剪影，进而折射出天气预报员令人感动的敬业精神。日记性的文学作品，亲身经历，确实"难忘"，读后感到气象工作者不容易，很伟大。

聚焦北京 61 年来最强降雨

● 文/孙　楠

2012 年 7 月 21 日 10 时开始，北京市自西向东出现了自 1951 年有完整气象记录以来的最强降雨。

监测数据显示，截至 22 日 6 时，全市平均降雨量为 170 毫米，最大降雨量出现在房山区河北镇，达 460 毫米，突破历史纪录。

为什么会下这么大的雨

南方的水汽源源不断，冷暖交汇点处于北京上空

北京市气象台总结此次降雨过程有雨量大、雨势强、范围广等特点。

北方南下的冷空气和强盛的西南暖湿气流在华北一带剧烈交汇。因此，在这一带产生了强降雨。这次降雨过程强度之强比较罕见。此次天气系统覆盖了整个华北地区，冷暖空气的交汇点恰好处于北京上空。并且，持续几天的闷热天气给京城积蓄了充沛的水汽，北京以南的水汽又源源不断地输入，将空气湿度升至饱和，为降雨营造了良好的水汽条件。

北京西部、北部环山的特殊地形，则使被堵截的气流更加"勤奋"地做抬升运动。这种情形下，一遇到冷空气活动，对流云团就即刻得到强烈发展。

此外，北京的东面存在一个稳定的高压天气系统，它阻碍了北京降雨系统的东移，因此，降雨持续了较长时间。

城市化增加降雨量，下垫面热力条件促使云系发展

城市化导致的热岛效应，也是加大雨量的因素之一。

早在 2002 年，美国宇航局戈达德航天飞行中心谢泼德博士就发表过论文

称，受热岛效应影响，城市地区气温有可能比周围郊区或农村高出 0.56～5.6℃。这些多余的热量会破坏城市空气循环的稳定，并有可能促进降水云层的形成，使降雨量增多。

城市化的发展，改变了城市的下垫面。这导致城区气温难以回落，水汽无法流失。

在此次降雨过程中，正是由于城市下垫面的改变，增强对流运动，使得云系不断地新生和发展，加大了降雨强度。

不过也有气象专家认为，城市化进程对降水的影响有着非常复杂的物理机制，因此，尚不能断言像北京这种特大城市，城市化进程是造成降水时空分布特征发生变化的主要原因。

不能把一次暴雨归因到气候变暖

北京的主汛期在 7 月下旬到 8 月上旬，有"七下八上"之说。

在 20 世纪 50 年代，北京也经常出现大雨。在这次降雨前，北京有完整气象记录以来，最大降雨量出现在朝阳区，为 418.4 毫米。

从大气运动的角度看，强降水事件是大气自我调节的产物，它总是会出现。我国处于东亚季风系统内，而季风系统的明显特点是它的年际变率特别大。

这意味着有些年份降水特别多，很容易出现洪涝灾害；有些年份降水又特别少，容易出现高温、干旱等灾害，这是东亚季风系统年际变率大的一种表现。

气候变暖的确导致极端事件增多，但是气候变暖是否直接影响一个地区降雨强度的增加，是一个很复杂的科学问题，不能把一次强降雨过程直接归因于气候变暖。

预警及时为何仍水漫京城

北京市专业气象台发布内涝风险预警，排水部门提前调度

针对此次降雨过程，北京市气象局连发多次预警，并于 21 日 18 时 30 分发布北京历史上首个暴雨橙色预警，提醒广大市民防灾避雨。

除了对公众及相关部门发布天气预警之外，北京市气象局还针对大城市积水问题，发布了内涝风险预警产品。

北京市气象局专业气象台台长丁德平介绍，他们把老的城八区细分为 100 多个小区域，对这 100 多个区域以及主要积水点进行内涝风险预报。

预报员结合北京特征，考虑地形、人口集中度、建筑群分布等因素，将可能致灾的风险划分成 4 级，直接提供给城市排水部门，便于排水部门提前进行部署和调度。

北京市防汛抗旱指挥部办公室副主任刘和平在接受媒体采访时表示："这次降雨过程天气预报比较准确，我们也提前做了大量的准备工作，包括检查水位、检查防汛设备、抢险排水设施等，但是这场雨实在是太大了。"

积水被抽进河道中，但是河道的水满了又返回来

在这次降雨中，北京市排水集团、自来水集团及公安、公交等多个部门都参与了排水。截至 7 月 22 日 4 时 30 分，北京市排水集团下属的 78 座雨水泵站累计抽升量为 114 万立方米；各污水处理厂累计抽升量为 306 万立方米。

北京市民都知道，莲花桥是雨天最容易积水的地段之一。在这次降雨过程中，莲花桥下的积水最深超过 2 米。尽管工作人员称 1 个小的抽水泵每小时就能够抽升 150 立方米水，但是仍然不能有效解决桥下积水问题。

从北京电视台记者 21 日 23 时在莲花桥传回的 3G 画面中可知，莲花桥的积水被抽升到附近的河道中，但是河道的水已经满了，河道内的水又返了回来。

河道返水的情况并不是今年（2012 年）才有，2011 年 6 月，北京经历强降雨，在丰益桥下的铁道桥附近，排水集团工作人员也发现，积水并没有随着抽水而减少。排水集团管网部副部长梁毅曾总结此类事件说，河道排水能力不足，泵站抽出来的水无法排到河道内，河道内的水通过下水道反而向道路倒灌。要想扩大河道排水能力，就需要拓宽河道。

亟待提升大城市防灾减灾能力

北京今年（2012 年）的移动泵车比去年多了 1 倍以上，汛期时分别布控在 18 处容易出现积水的地区。工作人员在 21 日早上就开始对个别容易发生积水的河道提前进行了抽水，降低水位。尽管如此，依然发生了严重的积水问题。

不可否认，各部门提前防范，积极抢险，防灾抗灾能力有了一定的提升，但也显示出极端天气气候事件频发的情况下，大城市防灾减灾的脆弱性。

凤凰卫视评论员吕宁思在凤凰卫视《正点新闻》中说，排水系统比高楼大厦更能代表现代化。他认为，这一次的大暴雨是对过去多年来急速现代化的一种检验。大自然的一些挑战或者突袭，给我们的城市设计及管理带来了比较严重的教训。

因此，我们亟待提升大城市防范涝灾的能力。城市应该根据不同区域的地理条件、人口密度以及建筑物的分布，设定不同的防汛建设标准，不断加强城市地下管道的建设和配套管理，完善城市内涝防御应急体系建设。

（原文刊载于《气象知识》2012 年第 4 期）

◎◎。 作品点评

本文介绍了令国人关注的北京 60 多年来最强降雨的成因及其酿成的灾害和次生灾害。提出："不能把一次特大暴雨归因到气候变暖"，并呼吁"亟待提升大城市防灾减灾能力"。选题及时、准确，读后感到很"解渴"。层次清晰，可读性强。

张謇
——一位状元实业家的气象情缘

● 文/庄肃明

1953 年，毛泽东在一次与黄炎培的谈话中指出："谈到中国民族工业，我们不要忘记四个人：重工业不要忘记张之洞，轻工业不要忘记张謇(jiǎn)，化学工业不要忘记范旭东，交通运输业不要忘记卢作孚。"毛泽东这里提到的张謇，就是晚清状元，中国近代史上非常著名的实业家、教育家和社会活动家，中国气象学会第一、二届名誉会长，中国近代气象事业的开拓者。

张謇，字季直，晚年号啬庵。1853 年 7 月 1 日出生于江苏海门常乐镇。张謇祖上世代务农，在其父"从古无穷人之天，人而惰则天穷之"思想的训导下，4 岁起读私塾，15 岁始参加科举考试，是年府试成绩不佳，塾师讥讽说："如果有 1000 人应试，录取 999 人，只有一人不取，此人就是你！"张謇十分羞愧，回家后便在书房的门窗、桌几和床顶上写上"九百九十九"几个字，用以鞭策自己。他用竹杆夹住头发睡觉，把竹杆吊在床上，沉睡中稍一转身便牵痛头皮，惊醒后即起身读书。夏秋间，在书桌下放两只空油篓，把双脚伸入油篓中，以防蚊虫的干扰。晚上读书一定要耗完两盏灯油，倦意袭来时看一看"九百九十九"几个字，就仿佛见到塾师的讪笑，重又振作精神。通过发愤苦读，他 16 岁应院试，中第 25 名秀才。1885 年，张謇应顺天(今北京)乡试，中第二名举人。1894 年，慈禧 60 大寿，特设恩科会试。已是 41 岁的张謇，难违父命，赴京应试，得中一甲第一名状元，授以六品翰林院修撰官职。

这一年，甲午战争爆发，北洋水师惨遭失败。张謇上奏朝廷要求罢免李鸿章，称"中国之败，全在李鸿章一人"。《马关条约》签订后，他又大声疾呼："此次和约，其各地驻兵之事如猛虎在门，动思吞噬；赔款之害如人受重伤，气血大损；通商之害如鸩酒止渴，毒在脏腑。"甲午之耻，激发了他的爱国之情，决心放弃仕途，兴办实业，发展教育。他在日记中写到："愿成一分一毫有用之事，不愿居八命九命可耻之官。"

1895 年秋，张謇筹办大生纱厂，开始了从士大夫向实业家的转变。大生纱厂建成投产后，他又先后创设一系列实业、文化、教育事业，实践其"教育为实业之父，实业为教育之母"的救国抱负。1912 年，张謇接受孙中山的任命，担任实业部总长兼两淮盐政总理。1913 年加入熊希龄"第一流人才内阁"，任农林工商总长，兼全国水利局总裁。1914 年 4 月，张謇以水利局总裁身份，带领从荷兰聘请的水利专家贝龙蒙一起南下，勘察淮河，为治理淮河做准备。他不辞辛苦，实地沿淮河察看水情和河道，设计治淮方案。时年秋初，淮河大水泛滥，淮河两岸百姓生活在水深火热之中。此时，美国停止了帮助中国治理淮河的借款，袁世凯忙着要当皇帝，根本无心顾及淮河水患给百姓带来的疾苦，治淮方案被迫停止。张謇心急如焚，但又一筹莫展，一气之下，张謇连续两次向内阁总理写了辞去所有职务的辞职书，坚决不当"有名无实"的总长和总裁。袁世凯从自身利益考虑，只允许张謇辞去工商部总长和农林部总长的职务，全国水利局总裁一职继续保留。在如此尴尬的政治处境下，张謇仍想方设法争取率团参加在美国召开的万国水利会议，了解国际治理水患的先进经验。1926 年 7 月，张謇抱病和日本工程师一起，一连数日在长江大堤上观察主要危险地段，走了数千米，并筹备了大批护江保坍的石料，为防御长江洪水作准备。终因劳累过度，再加上查看长江汛情时不幸受寒，于 8 月 24 日病逝于南通，享年 73 岁。张謇去世的消息传到全国，全国各地的唁电像雪片一般汇集南通，一些地方还召开追悼会，怀念这位人格高尚而又脚踏实地的人。

张謇的气象情缘，应从他于 1905 年出资创建中国第一所博物馆——南通博物苑说起。他深知气象的重要，认为"气象不明，不足以自治"，于 1906 年在南通博物苑内设立测候室，从事气候观测，作简单的观测记录，测候室还供民众参观。1913 年，博物苑测候仪器移至南通甲中农业学校，成立测候所，作为农校的实习场所。1914 年 12 月，张謇又出资在南通军山之巅破土动工兴建气象台，1916 年 10 月军山气象台落成，安装由国外进口的当时最先进的仪器。据军山气象台第二位台长陈雷回忆：当时军山气象台之设备，国内固属仅见，国际间亦有相当声誉。1917 年 1 月 1 日，南通军山气象台正式开始工作，主要气象业务有气象观测、编发气象电报、接收东亚地区各站所天气电报、绘制天气图、制作短期天气预报、编写气象月报、季报和年报。除做好气象工作外，军山气象台还进行天文对时，制作潮汐、海啸、河溢等预报，组织农业、水利、卫生、商业等与气象相关的研究。军山气象台编制的附有英文的月、季、年报等刊物与 40 多个国家和地区的 100 多个气象台及其他科研机构交流，其成就举世瞩目，被英国皇家出版社编进《世界知名气象台目录表》，为我国私家气象台之鼻祖。1938 年 2 月，日寇侵犯南通，工作被迫中断，军山气象台大部分仪器下落不明，原始记录荡然无存。鉴于张謇对我国近代气象事业的贡献，1924 年 10 月 10 日中国气象学会在青岛成立时，一致推举张謇为终身名誉会长。

1926 年张謇逝世后，军山气象台曾改名为南通学院农科军山气象台，1935 年又由江苏省建设厅接管，1938 年春因日军侵占南通，气象台被严重破坏。军山气象台现为南通市文物保护单位。2002 年 10 月，南通市气象局和狼山风景区管委会共同在军山气象台内设立南通军山气象展览馆。

(原文刊载于《气象知识》2012 年第 5 期)

◎◎。 作品点评

本文介绍了中国近代气象事业的开拓者张謇的气象情缘。他"气象不明，不足以自治"的理念和热衷于气象工作的生动事例委实令人难忘。美中不足的是，经历和实业家占的篇幅多了点，而"气象情缘"相对少了点。

方寸中的气象卫星

◉ 文图/毛颂赞

　　天气预报是一项浩大的工程。气象专业人员必须仔细分析由全球各地同时记录下来的气象观测结果，才能准确预测出未来的天气。单靠一处气象观测数据，是无法让气象专业人员推断出未来天气变化的。气象资料的来源必须十分广泛才行。气象资料主要来自于地面上的气象站。气象观测船和漂流海上的气象浮标，也会定时以无线电传回海上气象观测资料。此外，环绕地球运行的气象卫星，则自外太空随时传回云层和气温分布等气象资料。

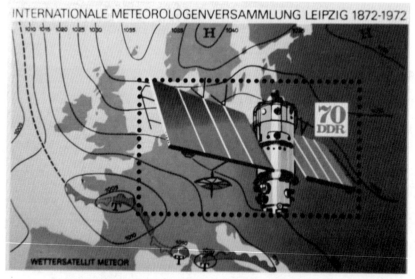

1872 年在莱比锡举行了国际间气象会议，次年在维也纳又举行了第一次气象大会，会后成立了国际气象组织。1972 年德国邮政部门为纪念莱比锡国际间气象会议召开 100 周年发行此纪念邮票。

邮票上气象卫星的画面主要由气象卫星和卫星接收天线组成。卫星翱翔太空，俯瞰地球，得到各种卫星云图，为气象专业人员预报天气提供可靠资料，是当今人类探测大气的高科技手段。许多气象专题邮票，如世界气象组织成立、世界气象日等重大纪念活动所发行的邮票，都是用气象卫星的图案作为标志的。

气象卫星是军民两用、平战结合的应用卫星，分低轨道极轨卫星和高轨道静止卫星两种，两者在功能上互有分工、相互补充。

2000年为了纪念世界气象组织成立50周年，中国发行了《气象成就》系列邮票，这枚《气象卫星》邮票就是其中一枚，邮票画面右上方是风云1号—C星展翅翱翔，俯瞰地球，下方是卫星接收天线，象征着我国在天气探测方面取得的成就。

极轨卫星(太阳同步轨道卫星)每天对地球表面巡视两圈，得到全球的资料，提供中长期数值天气预报所需的数据资料。但它对同一地区不能连续观测，所以观测不到风速，以及变化快且生存时间短的灾害性小尺度天气现象。

静止卫星则与之相反，可以进行同一地区的连续气象观测，实时将资料送回地面，对天气预报有很好的时效，不过南北纬度高于70°的地区因观测图像几何失真过大而观测无效。

1970 年赞比亚发行的世界气象日纪念邮票(左)。1970 年匈牙利为纪念气象服
务 100 周年而发行的纪念邮票,邮票中有气象卫星、云图和地球图案(右)。

1984 年日本为纪念"天气预报 100 年"发行
的纪念邮票,邮票表现了 100 年前的气象
图和日本的"葵花"号气象卫星。

　　以世界性的气象观测而言，极轨卫星可每天提供全球范围内由同一颗卫星观测到的数据，数据经处理后精度较高；由5～6颗静止卫星组成的全球观测网可在中、低纬度范围内连续观测天气现象的生成和发展情况；静止卫星所观测不到的高纬度至极区范围则由数颗极轨卫星来补足，两者相结合才能构成全球气象卫星系统。

1973年多米尼加为纪念国际气象组织(世界气象组织的前身)成立100周年发行的纪念邮票。

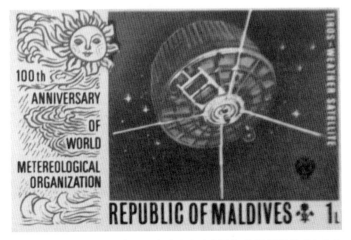

1973年马尔代夫为纪念国际气象组织(世界气象组织的前身)成立100周年发行的纪念邮票。图为世界上第一颗气象卫星：美国发射的"泰罗斯"号。

气象部门已成为应用卫星最好的推动者。气象卫星资料使我国的天气预报更加准确可靠，特别是在监测台风、暴雨、洪涝、干旱等大面积气象灾害，以及监测森林火灾、地震、粮食估产等方面发挥着重要作用。气象卫星已成为服务经济社会发展的重要手段，标志着我国气象业务的现代化水平上升到一个新的高度，同时也对国际气象事业作出了重要贡献。

1973 年加纳为纪念国际气象组织（世界气象组织的前身）成立 100 周年发行的纪念邮票。

1973 年罗马尼亚为纪念国际气象组织（世界气象组织的前身）成立 100 周年发行的纪念邮票。

2000 年俄罗斯为纪念世界气象组织成立 50 周年发行的小型张。

2000 年韩国为纪念世界气象组织成立 50 周
年发行的纪念邮票。

2000 年孟加拉国为纪念世界气象组织成立 50 周年发行的纪念邮票。

中国的气象卫星和卫星气象事业及其发展

我国是使用气象卫星资料较早的国家之一，早在 1969 年就已开始接收、处理和应用国外气象卫星的资料。与此同时，我国也在积极地研制和发展自己的气象卫星系统。经过 40 余年的努力，我国气象卫星和卫星气象事业从无到有，不断发展，取得了令人瞩目的成就，成为继美国、俄罗斯之后第 3 个同时拥有极轨气象卫星和静止气象卫星的国家。

（原文刊载于《气象知识》2012 年第 5 期）

◎◎。 作品点评

本文从邮票上的气象卫星画面说起，介绍了有关气象卫星的知识以及我国气象卫星事业的发展概况，题目"方寸中的气象卫星"亦很新颖。

峨眉山巅气象人

● 文/喻万勤

峨眉山气象站，始建于 1932 年，地处四川省乐山市辖属的峨眉山市。站址：峨眉山金顶。观测场：北纬 29°31′，东经 103°20′，海拔 3047.4 米。区站号：56385。国家一类艰苦气象台站，国家基本气象站，国际气象情报交换站。

峨眉山是成都平原边缘平畴突起的断块山，海拔 3047 米。80 年前的 1932 年 7 月 6 日，峨眉山建起了测候所，后扩建成气象站，是国家一类艰苦气象站。80 年来，先后有 159 名峨眉山气象人为了理想，付出了青春，为了追求付出了一生，在人生的旅途中写下了无悔的诗篇。

走过 80 年的风雨历程

80 年前的 1932 年，我国的气象事业举步维艰。中国气象学的开拓者和奠基人、时任民国气象研究所所长的竺可桢先生，奔走于庙堂江湖之间，辗转于兵荒马乱之中，应国际极年测候委员会的邀请，组织参加第二次国际极年测候活动，指派专人从南京长途跋涉来到峨眉山，于 7 月 6 日在峨眉山千佛顶，建起当时国内第一个高山测候所，历时一年多，得到了许多珍贵资料，在国际极年测候活动交流中引起轰动。

抗日战争期间的 1939 年 4 月，为满足驼峰航线运输抗战物资的需要，峨眉山测候所被重建，为抗日战争胜利作出了重要贡献。之后一直延续到现在，成为我国进行气象记录时间最长的高山气象站。1950 年 8 月，人民解放军接管后，测候所扩建为气象站。1954 年 10 月，气象站迁到峨眉山金顶，直至今天。当年简易的高山测候所，经过 80 年的风雨征程，发展成为具备现代化探测手段的国家基本气象站，站容站貌发生了翻天覆地的巨大变化。

80年的工作充满艰辛

80年征程，他们从荆棘遍布中走来；80年坚守，他们在寂寞、风霜雨雪、惊雷声中步履艰辛。

峨眉山气象站是我国为数不多的、一直代表中国参与国际气象情报交换的站点之一，代表着中国在国际气象领域的形象。该站是全国少有的高山指标站，其探测、发出的气象数据资料，是四川盆地及长江中下游地区经济建设的基础数据，是这些地区预测预报重要灾害性天气不可缺少的指标性资料。这里的气象人成了上述地区气象防灾减灾的前沿哨兵，无论是在何种困难危急的情况下，他们用青春，甚至一生，在寂寞，以至充满危险的高山之巅坚守，常年在寒风雨雪里、耀眼的闪电惊雷声中获取一个个气象数据。

隆冬中，跨出值班室要面对扑面而来的刺骨寒风，忍受针刺刀割般寒风的袭扰，手举轻便风速仪测量风向风速；为测量降雪，手抱雨量筒，在雨淞与冰雪合成的坚硬、奇滑无比的地面小心翼翼地行走，仍不时有观测员摔倒造成手脚脸部受伤，还有手被雨量筒粘住、扯伤皮肤流血者不计其数。在夏日里，气象站被积雨云笼罩，云中放电使气象站周边避雷针尖闪亮似晴天夜空的星星，常有日光灯因雷击而闪亮、电闸刀被击得粉碎，曾有强烈雷击造成职工和驻站民工多人受伤。在带电的云中，观测员开门时都有被电击的感觉，尤其到了观测时间，连续不断的炸雷、闪电使人心理特别紧张，气象人不得不提心吊胆地观测；曾有观测员在工作时被雷暴击伤耳朵，造成终生残疾；也曾有观测员巡视仪器时遭受雷击造成耳膜损伤，失去听力多时；还有过观测员在10余米高台测风时，手拿轻便测风仪刚一伸手，就引来惊魂炸雷，人被击晕；也曾有过，观测员正在用手摇发电机拍发电报，一个炸雷打来烧坏发电机，逼得值班员赶紧跑到舍身崖边，用步话机向着山下发报。

由于在云雾中信号太弱，有的摇机员手摇发电机一个多小时才将报文发出，发完报后摇机员累趴在了地上；也有过，观测员换日照记录纸时，记录纸被大风刮下了舍身崖，全站的人冒着生命危险，腰系草绳吊到崖下找寻大半天才找回记录纸，避免了记录的缺失。"文化大革命"中，峨眉山气象人坚守在高山之巅，没有少过一次记录，也没有缺过一份气象电报。

80 年生活在艰苦的环境中

长期的气象记录显示，峨眉山金顶最低气温接近零下 20℃，年平均云雾弥漫超过 300 天，大风狂风天数 59 天，雷击天数 60 天，降雪时间超过 100 天，积雪天数 144 天。"冬日风雪夏日雷，霜刀闪电惊人魂；春秋多雾遮日头，连绵阴雨连天云"，是峨眉山气象站所处气候环境的真实写照。

冬天，山上最低气温零下 10 多摄氏度，冰雪封山，寒风刺骨，真正是天寒地冻，工作在这里的气象人，往往两三个月不能下山；夏日里，常有铺天盖地而来的积雨云将山巅的气象站完全笼罩，云中不时有耀眼的闪电伴随着霹雳震天响的惊雷，炸得身处其中的气象人心里发怵；一年四季，山上常常被云雾覆盖，使得气象工作者长期生活在阴冷潮湿的气候环境中，被子都是湿漉漉的，睡觉也不暖和。

直到 20 世纪 80 年代，峨眉山上的观测环境一直没有改变，荒芜原始，灌木丛生，常有野兽豺狼出没，气象人工作常有受到野兽袭击的危险。建站时，他们住在千佛顶寺庙内，与和尚们同吃共住。迁往金顶后，生活用水，靠融雪或积攒雨水解决，遇降雨少的时段，也只能饮用发黄发臭的存积水；在海拔 3000 多米，由于气压低，直到 70 年代初，一直吃夹生的饭菜；在山上，多半时间需要烤火取暖，五六十年代全靠拾柴烤火，后用焦炭取暖，湿漉漉的柴禾、结冰的焦煤烧得吱吱作响，煤烟、灰尘和水汽使他们蓬头垢面，但为了生命安全，又不得不打开门窗，真是"火烤胸前暖，风吹背后凉"。

直到 80 年代初，公路才修到接引殿。在这之前，气象人上下山全靠两条腿走路，上山都是早上六七点钟负重出发，傍晚时分筋疲力尽了才能到达金顶。生活物资全靠肩挑背篓背，从峨眉县城徒步要两三天时间运到山顶，蔬菜、肉类经辗转、摔打、闷烘，菜叶"熟"了黄了，鲜肉变成了臭肉。面对艰难的生活环境，气象人自己开荒种萝卜、白菜，养山羊，抓野鸡，采野菜，在苦中寻乐。为了增强体质，气象人因陋就简建起了篮球场、乒乓台，不但丰富了业余生活，更从中增进了同事间的团结。闲暇时，头发长长了，他们就相互学着剪理，个个都成了理发师；为了排除孤寂，他们就相互交流、讲笑话，听收音机，使每个人在孤山上并不孤独。

80 年取得累累硕果

在艰苦卓绝的峨眉山金顶，有的一干就是十几年、甚至几十年，直至退休，有的二上、三上峨眉山；有的"献了青春献子女"，两代人都奉献给了气象事业。他们走过的 80 年，高山野外、虫兽荒林曾是生活之所；风霜雪雨、雷电交加常是工作之时。

80 年来，他们人工记录了 300 多万份资料、发送了 20 多万份气象电报，为经济建设、国防事业、军事和民航安全、防灾减灾、旅游气象服务作出了显著贡献。80 年来，恪尽职守、不畏艰苦、无私奉献、团结协作，创出了骄人的业绩。他们曾创出连续 12 年全站地面气象测报报表、17 年酸雨观测没有错情的佳绩，有 46 人次获得中国气象局"质量优秀测报员"称号，162 人次创下了四川省气象局百班无错的佳绩；多次在四川省气象局测报表演赛、全国地面气象测报技术比赛中获团体先进，多人次被中国气象局授予"全国气象测报技术能手""四川省气象行业技术能手"称号，成为测报业务的楷模和标兵。近 30 年，他们先后创建成县级文明单位、市级文明单位，被中国气象局评为"全国先进气象站"，获得乐山市委、市政府"全市第三次劳模大会先进集体"奖；涌现出了"四川省劳动模范"罗大贵、"全国气象系统先进工作者"王会兵等一批先进典型。

岁月能改变山河，时间会冲淡记忆，但峨眉山气象人"恪尽职守、不畏艰苦、无私奉献、团结协作、争创一流"的精神，在一代代峨眉山气象人身上接力传承。

（原文刊载于《气象知识》2012 年第 5 期）

◎◎◦ **作品点评**

作者以充满激情的语言，歌颂了 80 年来值守在峨眉山气象站一代又一代气象工作者艰苦卓绝的奋斗精神，读后令人为之动情。如能增加一些具体人物、事迹，那就更感人了。

优秀校园作品

·二等奖·

雨天蚯蚓为什么喜欢在地面活动

◉ 浙江省嘉兴市实验小学(西校区)601班　邱妤恬

2012 年 4 月 26 日　小雨

今天外面飘着小雨，我在校园里走过时，发现花坛边上有很多蚯蚓爬了出来。以前我就发现过，每到下雨的时候，这种勤劳的动物便会从土壤中爬出来，在地面上活动。每次我看到这种现象时，心中便会产生一个小小的疑问：为什么下雨时蚯蚓喜欢到地面上活动呢？这次我下定决心要找到答案。

回家后，我查阅了参考书，还利用网络收集了部分资料，发现蚯蚓的这种举动与它的生活习性和生活环境有关。蚯蚓始终保持着身体的湿润，不仅是为了在土壤中减少摩擦，防止身体干燥，更为重要的是与它的呼吸密切相关。蚯蚓没有一般动物的呼吸系统，不像鱼类那样可以用鳃呼吸，也不像哺乳动物那样用肺和鼻子呼吸。它的呼吸方式十分特别，它运用湿润的表皮，将土壤中的空气与它体内的二氧化碳进行互换。所以说，在晴朗的天气里它是不会出现在地面上的，阳光会将它表皮的液体晒干，蚯蚓会窒息而死。因此，它很怕光，喜欢阴暗的地下，平常的活动和觅食也都在夜晚和凌晨进行。

到了下雨天，雨水落在草丛中，滋润着植物与土壤。但这对蚯蚓来说是一个巨大的灾难。雨水的侵蚀使它的生活环境过分潮湿，土壤中的氧气被雨水冲走，蚯蚓就无法在土壤中呼吸，于是它便钻出了地面，吸收氧气。在下雨前，土壤中的空气湿度加重，蚯蚓也会提早钻出地面，到地表活动。

由此推断，蚯蚓在下雨时钻出土壤，在地表活动的真正原因是为了寻找氧气。其实蚯蚓并不喜欢下雨时在地面活动，它这样做只是为了生存，是一种习性。

指导教师：申海明

（原文刊载于《气象知识》2012年第3期）

◎◎。 **作品点评**

小作者通过观察和查找资料，得出了"蚯蚓在下雨时钻出土壤、在地表上活动的真正原因是为了寻找氧气，其实蚯蚓并不喜欢下雨时在地面活动，这样做只是为了生存，是一种习性"的结论。语言简短、紧凑，通顺。

• 二等奖 •

温度对凤仙花生长的影响
——凤仙花生长观察日记

◉ 浙江省温州市瓯海区丽岙街道第二小学　三年级(2)班　王　芳

2012 年 3 月 20 日　星期二　晴

今天的天气真好，下了好几天的雨，终于出太阳了。我把实验包里的凤仙花籽种下了，它们长大会是什么样子呢？我好期待！种的时候，我先把泥土轻轻地弄了几个小洞，把种子放下去，再把土盖上，再浇上水，这样就完成了凤仙花的种植。

2012 年 3 月 28 日　星期三　晴

天气越来越暖和了，看天气预报这几天的气温有 20℃左右，我终于可以脱掉厚厚的棉衣了。

今天，我发现花盆里钻出了两片嫩绿的叶子，是凤仙花发芽啦，我高兴得手舞足蹈。走近一看，我发现这两片叶子长得很奇特，它们的叶片是圆圆的，而且叶片上没有叶脉，我赶紧拿来相机把这奇特的一幕拍下来。再用尺子量了一下它的高度，才 5 毫米呢！

2012 年 4 月 6 日　星期五　雨

经过一夜小雨的滋润，今早，花盆里那两棵小苗已经完全张开了嫩绿的小叶片，也长高了一点。我发现：有一棵小苗底下，竟然又冒出一棵小苗，而且离它们不远的地方，又有一棵小苗正在努力地挣脱头上的"帽子"想钻出来呢！我欣喜若狂。我发现每场春雨过后，就有许多嫩芽长出来，难怪人们说春雨"润物细无声"呢！

2012 年 4 月 14 日　星期六　多云到晴

春天的气候真宜人，暖暖的春风吹拂着我的脸庞，就像妈妈的手抚摸着我。凤仙花出土到今天已经有三个星期了。这三周中茎长高许多了，叶子也长大了很多。突然想起了老师在课堂上说的："在适宜的温度范围内，一般温度越高，花卉生长越快。"看着凤仙花健康地成长，我很开心。

2012 年 4 月 28 日　星期六　晴到多云

今天，我发现凤仙花下面的几片叶子有点枯黄，这让我很担心，我把这个情况报告给了妈妈。妈妈说这是凤仙花一生要经历的过程，是正常现象。听了妈妈的话我放心多了。

2012 年 5 月 31 日　星期二　多云

早晨我早早地起来去观察我的凤仙花。瞧，它长得多旺盛啊，花儿是梅红色的，非常鲜艳，把头凑近一点你会发现，花朵凋谢后会结出一个绿色的小东西，我想这个就是凤仙花的果实吧。种凤仙花让我学到了不少知识，原来花卉在不同生育阶段对温度的要求也不同，一般种子萌发时需要较高的温度，而苗期则要求较低的温度，超过最高和最低温度，花卉的生长发育、开花、结果和其他一切生命活动都会受到影响。

指导教师：吴佳丽

（原文刊载于《气象知识》2012 年第 3 期）

◎◎。 作品点评

通过连续观察，得出了"花卉在不同生育阶段对温度的要求也不同，超过最高和最低温度，花卉的生长发育、开花、结果和其他一切生命活动都会受到影响"的结论。文章不是干巴巴地记"豆腐账"，语言流畅，观察细微。

·二等奖·

珍爱生命之水调查报告
——北京市海淀区 7 月降水量统计分析

◉ 北京市海淀区中关村二小　五年级　张及晨

2011 年 7 月，我在北京市海淀区东王庄小区进行了降水量的测量工作，得到了第一手降水资料，并结合中国天气网提供的日最高、最低温度数据作了一定分析。我通过气象局的工作人员，了解到气象工作的标准流程，找到了 2001—2010 年北京南部亦庄附近一个气象站的全部气象数据，从中筛选出 7 月的日降水量、日最高温度、日最低温度这 3 个气象要素（其中剔除了数据不全的 2004—2006 年），和我自己记录的 2011 年 7 月北京北部观测数据作比较，从中发现了一些有趣的规律。

2011 年 7 月北京市海淀区东五庄小区降雨统计表

类别	日降雨量标准(mm)	出现日期	总天数(d)	降雨量(mm)	总雨量(mm)	比例(%)
小雨	<10	14，18	2	7，5	12	2
中雨	10～24.9	1，7，17，22	4	17，13，11，17	58	12
大雨	25.0～49.9	21，25	2	25，47	72	15
暴雨	50.0～99.9	16，19，26，29	4	59，52，50，81	242	49
大暴雨	100.0～250.0	24	1	108	108	22
特大暴雨	>250.0					

2011 年 7 月的月降水量达到 492 mm，是我统计的 8 年资料中最大的一个

月。其中，16 日、19 日、26 日、29 日 4 天的日降水量的达到了暴雨级别，占 7 月总降水量的 49％。24 日大暴雨的日降水量占全月总降水量的 22％。如果除去这可能带来洪涝灾害的 5 天，今年 7 月的降水量并不容乐观。

7 月降水量在全年所占比例从 2010 年的 6.9％增加到 2009 年的 43.4％，变化比较大；而 7，8 月整个暑期的降水量所占全年的比例相对稳定，2003 年的 18.4％为最低，2002、2008 年为 34％，其余的 2001、2007、2009、2010 年在 40％～55％之间。因此，7，8 月的降水量可以大致反映整个雨季及全年的降水量的情况。

另外，从这 7 年（2011 年除外）的年降水量来看，2007 年以后这 4 年的年降水量均超过 2001、2002、2003 年，说明北京市近几年的绿化环保工作收到一定的成效，年降水量增长较多。

我还发现这 8 年中的 7 月的日最高温度、最低温度、日温差和日平均降水量存在一定的相关性。日温差大，降水量就大；日最高温度、最低温度低，降水量就大。这很好理解，下雨多了，天气凉爽，温度自然就低，早晚温差也就大了。

另外，我查看了其他同学的数据，并作了对比分析。虽然调查地点距离较近，但记录的降水量的数据差距还是比较大，我分析可能存在以下的原因：

（1）统计时点的确定：很多降雨都是晚上开始，可能持续整个晚上，如果从零点划分时间，就不好准确地确定每天的降水量，只好估计大概数值。

（2）自制的雨量器及放置的地点可能会造成测量存在较大的误差。

辅导教师：沈耘

（原文刊载于《气象知识》2012 年增刊）

◎◎。 作品点评

作者亲自到北京郊区测量降水，并结合气象部门的数据进行统计分析，得出自己的看法，而不是闭门造车。资料丰富，分析有理有据，结论也合理，基本符合调查报告要求，这种实践精神很值得提倡。

·三等奖·

雷击频袭的台前幕后

◉ 浙江省德清县洛舍中心学校501班　沈星雨

防雷倍受重视，雷电这"神秘杀手"的暴行却越演越烈，这引起了人们的高度关注，也激起我们少年儿童的好奇。

据调查，雷电这"神秘杀手"的手腕不仅残忍，而且多方出击，有点儿神出鬼没。4年前，我们洛舍和埭溪两镇交界处——阴山脚下的东山漾坝前沙滩上，一个直击雷打死了一个正在卸石料的壮年男子(叫新龙，埭溪往其村人)。雷击事件在我镇频频发生。塘头北村的河边还斜生着一棵香樟古树，由于年代久远，大树已腹中空空，有一年，一个响雷从大树腹中击过，顿时一股烈火从树中腾起，雨后，人们发现大树腹腔已烧成焦炭，余烟袅袅。人们在不了解雷电科学知识时，往往以迷信来解释。说是妖魔躲在古树中，雷击时妖魔便腾空而起。

雷电是大气中的放电现象。夏秋季节，积雨云随着温度和气流的变化不停地运动，形成了带电荷的云层，正负电荷的云层接近，就进行剧烈的放电现象，这就是空中的闪电雷鸣。如带电云层与地面凸出物或导电物体接近，就发生雷击灾害。

据我们防雷小组同学的调查统计，近两三年来，洛舍地区附近遭直击雷、感应雷袭击事件有五六十起，击坏房屋、烧坏电器等，经济损失近百万元。防雷宣传经常讲，防雷措施也在逐步实施，为什么雷击事件仍频繁发生，并有越演越烈的趋势，我们对此产生了浓厚的兴趣，于是进行了一系列调查研究、探索求教以及进行宣传防雷知识等活动。

我们防雷小组行动的第一步是求教：先是向老师、专家求教，县气象局防雷所是我们活动的直接指导单位。有时我们成为他们的座上宾，有时他们成为我们讲台上的特邀老师。另外，我们还在网上下载了相关雷电知识和防雷知识。有了一些基础知识，我们的调查活动就有了方向，有了目标。

我们洛舍地区的地形特点也潜伏着雷电频频光临的因素：以东苕溪为界，西畔是丘陵地带，溪东是江南水乡。山丘地下结构与水乡地下结构不同，雷雨天在其交界处往往聚集着不同的强大电荷，所以山脚下、水田边或水塘边作业的人，往往容易遭雷击。东苕溪西畔码头很多，雷雨天，在码头上作业的人都可能成为雷击的对象。好在苕溪西畔的下河码头上，矗立着很多钢结构的机组设施，这些设施具有引雷入地的功能。

另外，从洛舍西部的小东山开始，向南一直延伸到乾元北郊的方山一带丘陵中，在 20 世纪 50 年代，挖掘了近十个深矿井。俞老师告诉我们，前几年我校师生 6 人曾专门为此去湖州市的省地质研究所询问深矿井的事情，并带去几块从矿井周边捡来的很沉的棕黑色矿石。研究所叔叔取出有关我地的地质资料，并看了我校带去的矿石。研究所叔叔阿姨很明确地回答：这矿石的含铁量很高。他们用测磁仪器检测，最后确定，这矿石是当年从深井里取出来的，并说在东苕溪西侧的地层结构中确实蕴藏含量极高的磁铁矿。金属矿区是雷电导电的最佳场所。一遇雷电天气，夹着磁铁矿的地层结构内迅速积聚强大电荷，在与水乡平原交界处，这种强大电荷很容易吸引交界处对面地层的不同电荷，这样，异性电荷间的放电现象的概率大大增加。阴山脚下，东山漾边的石料下水码头，正处在不同地质结构的交界处，况且又处在磁铁矿的地带，当年，这里的沙滩没有钢结构设施，雷击事件已成为偶然中的必然了。

洛舍丘陵地带开矿业因东苕溪便捷的水陆交通而十分兴旺。昔日葱葱郁郁的松涛竹海，如今是硝烟弥漫的开矿战场。几年时间，砂村一带的丘陵山石，已搬到上海等地的基础建设的工地上去了。留下的是深坑和乱石，腾起的是昼夜不绝的数十丈高的尘埃烟雾。空气中微粒含量增多是否是导致雷电现象增多的原因之一？带着这个问题我们请教了县气象局防雷所费所长。费所长认为，大气中微粒含量增多肯定给雷电传播开启方便之路。但这一地区整个空间中的微粒含量都这么多，也会造成雷电现象的分散，灾难性的直击雷可能减少，可感应雷发生的几率就可能增多，怪不得近两年来矿区周围家庭的家用电器被击毁已达 19 起之多。空气中的灰尘竟是雷电的帮凶！

随着改革开放的深入，人们的生活水平逐步提高。各式各样的家用电器越来越多。家用电器里的电子管等部件很脆弱，往往经不起强电磁波的冲击。雷电造成的感应磁波通过导线，轻而易举地进入家用电器。而如今家用电器的最佳防雷设施成本较高，不能普及。家庭中的家用电器最好的防雷措施就是切断电源和信号源。

现在农村住房建造都努力向高空延伸，3 层楼、4 层楼已随处可见，高楼林立，可防雷设施却很少。砂村 68 户新建住房，装避雷针的只有 5 家，占 7％。而安装"招雷"设施的几乎是百分之百：其一，不少房顶装有尖顶金属装置，这些装置接导线入地的只有 15 家，况且这些导线的粗细及接地的方法也不符合避雷标准，其他的几家竟不安装入地导线；另外，几乎百分之百的太阳能热水器，都没有安装入地导线。人们生活富裕了，但防雷意识却落后了，人们侥幸地认为，遭雷击的毕竟是少数人家。人们为什么非要等到遭了大祸以后才醒悟过来呢？

全球变暖是雷击现象增多的一大主因

全球气候变暖是当今世界的热点问题，列为世界十大环境问题之首。这一顽症也引发了雷电现象的增多。据老人们回忆说，他们小时候冬天经常看见大雪纷飞、冰冻三尺的自然现象。可现在，能看到小水塘里结冰的机会已经不多了，更不要说在冰上行走了。

据我校气象员对近几年来洛舍地区的年平均气温统计显示，气温上升也成了不争的事实。

年平均气温上升，就导致可发生雷电天气的时间延长。据气象部门专家介绍，可发生雷电的时段比以前常年的时段延长 10～20 天。另外，气候变暖，常常会引发极端恶劣天气，这些极端天气中往往有雷电的参与。所以，雷电天气增多也有温室效应的"功劳"。

宣传防雷知识　提高防雷意识

防雷意识要成为社会的共识，还有很多事情要做，我们少年儿童该怎样做，也是个值得探讨的问题。

学生分布广，遍布洛舍地区各个角落，具有地域分布广的宣传优势；我们同学绝大多数是独生子女，都是家中的重量级人物，我们讲的科学道理往往会成为家长们骄傲的资本；现在有电脑的家庭越来越多，好些科学知识我们都是从互联网上获得的，有时我们所获得的知识常常令大人们惊讶，所以，我们在这方面经常得到大人们的肯定。

防雷意识淡薄，主要由缺乏雷电科学知识造成，要进行雷电科学知识的宣传。我们少年儿童有独特的优势，就应义不容辞地担起这一社会责任。

家住砂村、何介、东衡等村的同学，应对家人和邻居等人重点宣传不同地质结构交界处为什么易遭雷击的有关知识；苕溪东岸的水网地区，就应把田野及水面的防雷知识当作宣传的重点；经济发展较快、住房改造较多地区的同学应把避雷针装置知识的传单发到有关家庭……为了丰富同学们的防雷知识，我们除利用宣传窗进行宣传外，还进行防雷知识竞赛。进入冬季，也进入雷电淡季，我们防雷小组成员做好以下工作：把网上下载的有关资料和课外科普读物上的有关资料，分门别类地整理成册，再送往县气象局防雷所审查后，进行宣传发放；再把洛舍地区存在的防雷方面的盲区、盲点，以及存在的困难，及时反映上来，帮助有关部门做好收集整理工作，为做好防雷工作作出应有的贡献。

我们根据防雷知识编写了下面这段防雷歌谣，已在乡间邻里进行宣传，并在宣传窗刊出。

防雷歌谣

雷电天气莫等闲，防雷避雷记心间。

造房安装避雷针，太阳能热水器必须接地线。

防止雷电毁电器，出门关掉电源线。

空旷地方把身缩，山脚水边最危险。

雷雨不要打电话，关好门窗防滚雷。

水面最易遭雷击，躺在船底避灾难。

跑步摩擦引雷电，身边金属是祸首。

切莫站在大树下，高墙脚下更遭殃。

发生雷击要镇静，胸外挤压救呼吸。

劝君牢记在心间，雷击天灾可避免。

指导教师：林厚贵　马燕忠

（原文刊载于《气象知识》2011 年第 3 期）

◎◎。 作品点评

　　本文是在校小学生经过认真调查统计并请教当地气象防雷专家写就的，是一篇下功夫写出来的好文章。文风质朴流畅，字里行间充满了求实求是的科学精神和追求。作者首先从实际发生的案例出发，科学地介绍了大气的雷电现象。进而对"频袭"问题进行了统计分析，对不懂的问题向老师、专家求教，并进行深入调研，最后终于找出雷电频发的原因。叙述得条理清楚、层层深入。同时体现了少年儿童对科学知识的探索与渴求。更难能可贵的是，作者对雷电灾害造成的生命财产损失体现了忧国忧民的情怀，提出"防灾减灾，少年儿童怎么做"这样一个值得探索的问题，并表示要将学到的雷电知识通过各种渠道和手段做好普及宣传，义不容辞地担起一份社会责任，让人感到非常欣慰。

· 三等奖 ·

玉兰花开的秘密

◉ *浙江省湖州市爱山小学教育集团 507 班　沈朱奕*

　　我喜欢玉兰花，每到一处都会寻找、欣赏它们，有时还会情不自禁地对它们多望几眼。我们爱山小学的校园中栽种着很多玉兰树，这些树便成了我日常关注的花木。今年（2012 年）年初开学时，我参加了学校组织的气象活动小组，这促使我对玉兰树的观察更加细致。

　　乍暖还寒的阳春三月，校园内的棵棵玉兰树梢矗立着朵朵待放的玉兰花苞。我想，它们一定在等待春暖的那一刻，待温度适宜时，便会轰然盛放。

　　一天，天气回暖，阳光明媚，老师带着我们去吃午饭。途经校园内的一排玉兰树时，我看见朵朵洁白待放的白玉兰花骨朵煞是漂亮，但只见满树的花蕾却不见一片树叶，这到底是怎么回事呢？我的内心既疑惑又激动，但只得一步三回头地随队去了食堂。

　　午饭后，我迫不及待地重回玉兰树下，却惊喜地发现，刚刚还是朵朵如钟状的花骨朵已经在阳光下肆意地盛放。我惊叹它开花的速度，半个小时内，它就已经盛开了一半。离上课还有一会儿的时间，我就待在树下静静地看着它开放。结果，我真的亲眼看到了它的盛开过程。那速度简直可以和昙花相媲美，前后不到一个小时的时间，洁白的玉兰花已经开遍了树枝，淡淡的清香随微风轻轻地传送到了校园四周。

　　我享受着玉兰花开带来的愉悦，可内心却伤感起来。想着满树美丽的花已经完全开放，却意味着将要凋谢，我的心中满是不舍。

　　放学后，太阳西下，我再次来到玉兰树下，满以为会见到满地凋零的花瓣，却又惊奇地发现，中午盛开的玉兰花又朵朵如钟状，恢复到了花苞的状态。

这下我真的想不通了，怎么已经开放的花还会重新变回花骨朵的状态？难道明天它还要重新开放一次？难道明天开放后，傍晚又会重新恢复为花骨朵，后天再重新开放？

带着满腹的疑问，我迎来了第二天。清晨，我重回树下，看见的是满树待放的花骨朵，就像从未开放过一样，生机盎然。从早上8点，一直到中午11点，花骨朵一动未动，似乎在静静地等待开放的时机。11点20分左右，阳光洒满树枝，我惊喜地发现它又在重复昨天的一幕，开花了。我被这个发现惊呆了。可惜的是，玉兰花在第二次开放的时候，于下午3点遭遇了春雨的袭击，花瓣散落了一地。

玉兰花为什么会重新盛开？为什么一定要等到正午才会盛放呢？到底玉兰花的花期能持续几次这样的重复？……一个个疑问如潮水般向我涌来。

带着种种惊奇的发现和疑问，我咨询了科学课老师，同时查阅书本资料，并通过网络寻找和它有关的一切资料，终于解开了心中的疑惑。白玉兰，俗称"应春花"、"望春花"，是中国著名的花木，是上海市的市花。花繁而大，美观典雅，清香远溢。花期10天左右，是北方早春重要的观赏花木，在中国有2500年左右的栽培历史，为庭园中名贵的观赏树木。分布于中国中部及西南地区，现世界各地均已引种栽培。通常用播种、嫁接法繁殖。喜温暖、向阳、湿润而排水良好的地方，要求土壤肥沃、不积水。有较强的耐寒能力，在-20℃的条件下可安全越冬。

植物先开花还是先长叶是由温度决定的。玉兰花花芽和叶芽的生长需要不同的温度。花芽生长所需要的温度比较低，一到初春就可以生长开放。但是对叶芽来说，这种气温还太低，不能满足它的生长需要，因而叶芽还在继续"睡觉"。所以，玉兰花开的时候，我们看不到它的叶子。等温度逐渐升高，到了满足生长需要的时候，叶芽才开始"苏醒"过来，慢慢长大。这个时候，玉兰花已经谢了。另外，各地温度相差很大，玉兰开花的时间也有所差异。我们可以人为地调节室温来控制玉兰开花的时间，甚至有些地方的玉兰花会在反季节开放。所以，影响玉兰开花的主要因素就是温度。

至于它会重新开放的奥秘，我没有查阅到相关资料。是这棵玉兰树的偶然现象，还是每棵玉兰树的共性，我不得而知。这个疑问还有待我继续去寻找原因。但根据这棵树出现的现象，科学课老师解释为，可能是温度和光照在影响着它开放的时间和速度：清晨温度低，它虽然经历 3 个多小时，却纹丝不动；正午时分阳光照射、气温回升，它能在短短的一个小时内完全开放，是因为这个气温正符合它开放需要的温度。根据实际气温推测，它的最佳开放温度应该在 20℃左右。太阳西下，气温又开始下降，所以，它又重新收拢回到未开放的状态，待次日温度适宜时，再次开放。

　　这次的发现，对于我来说，收获真的很大。自然界真的很神奇，蕴藏着那么多的奥秘。看来，我们真的要做一个有心人，留心身边的一切，这样会有更多的惊奇等待我们去发现。

指导教师：黎作民

（原文刊载于《气象知识》2012 年第 2 期）

◎◎。 **作品点评**

　　本文作者通过细致观察，得出影响玉兰开花的主要气象因子是温度，进而可以调节室温来控制玉兰开花的时间的结论。文章写得很通顺，观察比较细致，解释也合理。

·三等奖·

国庆小阳春　李花满枝头
——探秘植物反季节开花

◉ 浙江省湖州市爱山小学教育集团 401 班　陈泽森

国庆节长假期间，我去了乡下的外婆家做客。一跨进院门，惊奇地发现，院子里的一株红心李树，竟然盛开着一树的花，远远看去，特别招眼。红心李树开花的时间应该是 5 月，果子成熟的季节在 8 月。按常理，这时应该既没有李花，也没有李子的。

难道，这棵树今年(2012 年)特别反常么？还是，这又是我的重大发现？我的思维在飞速地运转，各种各样的猜测充斥着整个大脑。

我怀着激动的心情，把这一重大的发现汇报给拥有丰富农村生活经验的外公。外公笑着说："在农村里，有句老话，叫十月小阳春。说的是农历十月，一般阳历 11 月份的时候，一些果树会再次开花。不过，现在才 10 月，每年这会儿的时候李树只是开少数的几朵而已，像今年这样花开满枝头的现象，这还是第一次呢。"

随后，外公说："我们的小科学家，你不是最喜欢探究么，那你就以今年这棵树的特别之处，做个小调查吧。把这个原因弄清楚，也给你外公上一课。"带着外公交代的任务，我满怀信心地开始做起了研究。

院子里一共 3 棵树，仔细对比一下，开花的这棵树，几乎叶子都没有了。而另外两棵树，叶子还比较多。我走到另两棵树下，仔细看树上，结果惊奇地发现，在密密的树叶后面竟然也害羞地藏着几朵洁白的花骨朵。咦，好像都有开花的现象。这时，我脑海中又响起了外公说的"十月小阳春"。

"十月小阳春"这句话具体是什么意思？为什么会有反常开花的现象？我

急忙跑回家里，打开电脑，上网求助。搜索百度，我查到了"十月小阳春"的解释：立冬至小雪节气这段时间，我国有一些地方果树会开两次花，呈现出好似阳春三月的暖和天气。

查到这些资料的时候，我心里产生了疑惑：为什么今年会提前一个月出现这种小阳春的开花现象呢？联想到科学课老师讲到的植物开花需要的条件，我长长地舒了一口气，原来是气温的原因。今年 10 月份，气候比较温暖。我通过小星星气象站的数据，查阅了今年 9—10 月初的气温数据。综合比较发现，湖州地区这些天的平均气温在 20℃左右，刚好跟三四月份的气温差不多，是很适合植物开花的温度。

同时，我发现不仅仅是浙江湖州的气温很高。嘉兴也有电视报道，10 月份有新生竹笋的现象。舟山的科学老师也发现，凤仙花在 10 月份二次发芽、生长、开花。在解决了这个重大难题后，我又在思考：为什么单单这株李树开那么多花？我又折回李树下，继续自己的观察。

之所以这棵李树开花能被我发现，是因为树上几乎没树叶，花开得就明显。那为什么单单这棵没有叶子呢？走近细看，树上仅有的叶子上还有几只毛毛虫。外公说，这棵树的叶子早在 9 月份前就被毛毛虫啃噬完了。

回家后，我对这次的发现作了总结：今年李树开花是由这样几点原因造成的：对比前几年的气温，今年的天气温暖，气温适宜，呈现出阳春三月的天气，适合果木二次开花。还有，树叶被毛毛虫啃噬完了，可能也会使得树木将更多的营养供给花朵。所以，外公家这颗李树的花开得特别多。

外公寄语：

自从森森加入学校的气象站以来，平时更加留意身边的点滴小事了。有时，看上去不起眼的小事，却蕴藏着这么多的奥秘。其实，在农村，果木二次开花的现象真的很常见，只是，今年这棵树叶子没有了，所以特别容易被发现。森森通过自己的调查发现了那么多的奥秘，真的很了不起。外公希望你能一直坚持下去，从身边的发现，来探索大自然的奥秘。外公会一直支持你。

指导教师：黎作民　王伟兰

（原文刊载于《气象知识》2012 年第 3 期）

◎◎。 **作品点评**

　　作者通过对身边自然现象的留意观察，发现了果树二次开花的现象，并且通过查找资料和求教专家，弄清了"十月小阳春"的含义和植物反季节开花的奥秘。语言朴实、流畅。

· 三等奖 ·

相同时刻克拉玛依市区与乌尔禾区的气温一样吗

◉ 新疆克拉玛依实验小学　六年级（1）班　杨佳艺

2008 年一天的自然课上，老师给我们提出一个问题："你们说，在地球上，相同时刻不同地点的温度相同吗？"我们都说不同。老师又问："你们知道相同时刻乌尔禾区①和克拉玛依市区哪个地方气温高吗？"同学们纷纷猜测，有的说乌尔禾区的高，有的说克拉玛依市区的高。最后老师让我们讨论一个方案来验证自己的猜测。我们说："派人到乌尔禾去测一下就行了嘛，同时派人在克拉玛依测量，然后对比就知道了。"老师赞同我们的建议，于是我们着手准备这次实验。

实验前，我认为在同一时刻，乌尔禾区的气温比较高。因为乌尔禾区大部分都是戈壁滩，离乌尔禾区不远之处更是世界闻名的雅丹地貌"魔鬼城"，地质成分主要是沙石。我们科学课上学习过，沙石的吸热性比较强。而克拉玛依市区，近两年由于引水工程的贡献，城市面貌焕然一新，一条穿城河改善了城市的气候，市区湿度适宜，绿树成荫，所以我猜想：在相同时刻乌尔禾区的气温比克拉玛依高。

但这仅仅是我的猜想，还需要用实践来验证。于是，我组织我们班同学开展了实验过程。首先，把全班分成两个组。一组在学校测克拉玛依市区的气温，地点就在克拉玛依实验小学"科技气象园"；另一组坐车到乌尔禾区测气温，可以联系乌尔禾气象站的工作人员，取得他们的支持。我们约定测量

---

① 乌尔禾区为克拉玛依市下属的行政区。

气温定在相同时刻(2008 年 7 月 10 日 12 时至 14 时，每隔半小时测量一次)。我们准备了相同的观测仪器：百叶箱(最高、最低温度表和湿度计)。实验开始前，要检查测量仪器是否正常，将两组钟表时间进行严格核对，以保证测量气温的时刻相同。同时，还要现场多方面观察乌尔禾区与市区的地形环境特点。最后，将约定时刻的气温记录下来，回学校进行分析对比。

2008 年 7 月 10 日早上 9 点 30 分，我们就坐车出发去乌尔禾区。一路上，陪同我们前去的气象局的叔叔不断给我们介绍沿途的地貌特征，给我们讲解气象知识，还分析了这几年克拉玛依市的气候变化情况，使我们增长了很多知识。到了乌尔禾区气象站后，我们受到站内叔叔阿姨的热情接待。他们领我们参观了气象站的环境，还带我们观察了很多气象设备。到了记录气温的时间了，我们认真作起了记录，一边实验，一边用电话跟克拉玛依市区的同学们交换数据。

时间有限，我们不能继续记录数据，乌尔禾区气象站的叔叔答应傍晚给我们反馈最高气温。

通过对比实验数据，我发现 12 点至 14 点期间，克拉玛依市区的气温均比乌尔禾区的气温高；但在 14 点时，乌尔禾区的气温比克拉玛依的气温高。而且从全天的情况来看，乌尔禾区的最高气温比克拉玛依市区的最高气温高，最低气温比克拉玛依的最低气温低。也就是说，事实不像我假设的那样简单，并不是所有相同时刻，乌尔禾的气温都比克拉玛依市的高。

这是为什么呢？我查阅了很多资料，并请教了科学课老师。原来，乌尔禾区的沙石土壤结构使乌尔禾的气温上升得快、下降得也快。这是因为沙石的比热比水的比热容小的缘故。上午，乌尔禾和克拉玛依的土壤都同时吸收着太阳的热量，渐渐地，到下午，乌尔禾的气温就超过克拉玛依市了，导致乌尔禾的最高气温比克拉玛依的最高气温高。到傍晚，太阳落山了，地球上的万物开始放出热量，由于沙石的比热容小，放热也快，所以乌尔禾的气温又慢慢接近克拉玛依的气温，并降到比克拉玛依的气温还低。至凌晨，乌尔禾的最低气温就低于克拉玛依的最低气温了。

在这次实践活动中我还发现：我们这种测量相同时刻不同地点气温的方法还不够严密，因为条件有限，我们只能测量一个很短时间段的气温情况，不能代表全天、全月、全年的气温差异。如果改进这个实验的话，应该请气象站的工作人员协助我们，完整地记录一年当中每一天每一时刻的气温数据，然后将乌尔禾区和克拉玛依区的相同时刻的气温进行对比，只有这样才能得出更准确、更科学的实验结论。不过，要记录一年的每一天每一时刻的气温，工作量太大了，我们又讨论起来：怎样才能既准确又简单地知道两个地区的气温情况呢？后来老师又指导我们说："科学上有一种研究问题的方法，叫不完全归纳法，我们可以每个月选择几天，作每个时刻的实验记录，然后通过分析这几天的情况，从而知道全年的情况。"我们听了都很受益。一年有 365 天，每天每时刻的记录数据，太辛苦了，不现实，可是选择几天就相对简单多了，而且比我们那种只测一天当中几个时刻的方法要准确得多。看来科学的道路上，我们要学习的知识还很多啊！这次实验虽然方法欠妥当，但是由于老师的帮助，我知道了乌尔禾区和克拉玛依市区的环境对气候的影响变化情况，并且学到了许多气象知识，为今后研究问题积累了经验。

感言：

这次去乌尔禾，相关部门提供了很多的帮助，使我们有了这次实践的机会，既增长了见识，又亲身体验了气象工作的辛苦。我们验证乌尔禾和克拉玛依相同时刻哪个气温高的问题，只是课题研究的一小部分，主要目的是要研究环境对气象、生活的影响。自从参加"气象、环境与生活科普教育"课题组以来，我学习了很多科学知识，对我们生活的这个地球有了更多的了解，我也努力在向周围的人们宣传爱护环境的重要性。实验小学的领导和老师对我们的工作非常支持，还有克拉玛依市科协、气象局的工作人员，也给予了我们非常多的帮助，在此，我衷心地感谢他们！

（原文刊载于《气象知识》2012 年第 3 期）

◎◎。 **作品点评**

作者在气象工作者的指导下，深入实地进行观测，然后进行综合分析，得出初步结论——这种做法很有意义，很值得提倡。如能有些更具体的数据，那就是一篇比较好的调查报告了。

· 优秀奖 ·

低碳生活从"我"做起

● 广州市科学城中学 高一(1)班 廖仲任

　　人们都憧憬着这样的美好环境：蔚蓝的天空飘着朵朵引人遐想的白云，辽阔的大地都成了绿的海洋，天地间浮动着新鲜清凉的空气，满满地吸一口，顿时精神抖擞。晚上皎洁的月光洒满在树上碎成一片，潺潺山泉在石上流淌，清澈的小河哼着小曲流向远方。

　　阴霾天里的人们越来越渴望这样清新自然的生活，于是人们开始行动起来保护环境，节能减排，向着心中的那个美好景象前进。社会各界开始呼吁环保，"低碳"在无形中化身为美德大家庭中的一员，人们开始为浪费资源的行为感到羞愧，时时反省。"低碳生活"成了一种时尚，它也走进了我的家庭，我的生活。

　　寒假的一天，天特别冷，推开门冷风直往衣服里钻，"这么冷，开空调，在家里继续'三国'也不错。"在暖气包裹下，又打开电脑进入游戏世界，在虚拟的世界里带领千军万马，浴血奋战。正在兴头上，突然，"嘀"的一声，暖气停了。接着听到爸爸在楼下大声宣布："我们家从今天开始要实行低碳生活，为美化萝岗环境出一份力！""蹬、蹬、蹬"我三步并做两步跑下楼，只见妈妈站在洗衣机旁，瞪大眼睛望着爸爸，似乎不认识她身边的这个男人。

　　"从今天起，天黑之前尽量不要用电器，节约用电。还要节水，少使用一次性用品……"爸爸继续说，语气是温和的，但态度却很坚决。"爸，这样也太突然了吧！一点心理准备都不给。再说我们家的这点小浪费，根本不会影响到萝岗的环境美化，更重要的是，按你说的做，我们家的生活质量不就回到上上个世纪了吗？"

爸爸回答道:"现在的环境污染太严重了,外面的空气浑浊难闻,我们要为美化环境做出奉献,低碳不能只是口号,低碳生活得从'我'做起啊。"听了爸爸坚定不移的回答,我只能屈服了。

没想到低碳计划能在我家实施两个月,更没想到我们家人竟然都会爱上低碳的生活方式。低碳生活不仅减少了家庭的经费支出,还让我家变得清洁明亮,更重要的是家里经常是一派欢声笑语,其乐融融。原来除了工作就是坐在客厅看报纸的父亲现在爱上了养花,原本死气沉沉的阳台上现在摆放着一盆盆美丽的鲜花,散发得满屋子清香。

妈妈对低碳的态度也发生了变化。有一次看见妈妈哼着小调回家,心情愉悦,容光焕发,我问:"妈,今天发生什么快乐的事让您那么高兴呀!"她便自豪地说:"我和别人闲谈时说到了我们家的低碳生活,他们赞扬我们家是文明环保呀!"而我已经不像以前那样除了上学就宅在家里看电视和玩电脑,而是经常和我的伙伴们去打篮球或看有意义的书籍。这样不仅扩大了我的知识面,同时也提高了我的交际能力。

我们每个人都不愿意看见满天飞沙,遍地垃圾,天空灰蒙蒙,河流脏兮兮。因此,我们就要从现在做起,从生活中的点点滴滴做起,用我们的热情,建设我们美好的低碳家园。

(原文刊载于《气象知识》2012 年第 3 期)

◎◎。 **作品点评**

作者列举了自己家庭践行低碳生活的实例,号召全社会行动起来。文章选题很好,语言生动有趣,很有号召力。

·优秀奖·

爸爸和天气预报

◉ 广州市第一一七中学　初二(2)班　林淑娇

　　我爸爸是个菜农，他有个习惯，就是每天晚上必须看完电视天气预报节目才休息。

　　你瞧，全家人看电视剧正入迷，爸爸又要换看乏味的天气预报节目了。"爸爸，你怎么天天都看天气预报啊？一到精彩部分，你就切换频道。还讲理不？""孩子，你这就不懂了！这天气预报可重要了！"爸爸沾沾自喜，"这天气预报可以让爸爸精准地播种，让收成更好；可以定时呵护菜苗，避免其遭受暴风雨的危害；还可以帮助人们安全出行，避开天气灾害的侵袭。所以……"我不以为然地听着爸爸说教。"你还记不记得前几天的教训？"爸爸看我满不在乎的表情，严肃起来。爸爸说的是前几天我闹的一个笑话。那天傍晚5点多时，天突然暗下来。我想起来菜棚还没遮，就在家里大叫："爸爸、妈妈快去帮菜盖上保护膜！快下雨了！"哪知我一喊，雨就下得哗啦啦了！我更急了，不停地喊："快穿雨衣去盖菜苗啊！"说着，就要冲出家门去。爸爸和妈妈却在家里不慌不忙地应了我一句："早就盖上了！等你叫，饭都凉了。"爸爸还对我说："多看天气预报嘛！"想到这，我的脸红了，心里也佩服了。

　　说起来，如果没有这天气预报，爸爸的菜地收成也不会这么好，我们家的日子也不会一年比一年好。爸爸不仅看天气预报，还懂得看云识天气。说起这些天气知识，他就会侃侃而谈，俨然一个气象专家："东边黑云多，很快就会有大雨；黄烟滚滚，暴风雨来袭……"但是人也会有失误的时候，前段时间爸爸也碰钉子了。虽然正处春季，但天气却格外冷，湿气重，阳光也不充足，爸爸辛辛苦苦播下的菜籽长出的菜苗格外稀疏。爸爸直摇头说失策失策。原来他是估摸着往年这个时候是最适合种菜的时候(诗句中也说过"好雨知时节,当春乃发生"),雨水足,气温温和,有点阳光就长苗了,所以闷头苦干,撒下了不少菜籽,谁知今年却不同于往年……

我以前是不喜欢看天气预报节目的,觉得乏味极了——不就是说说哪个城市多少度,是晴转多云还是多云转晴嘛。可是在爸爸的提醒之下,我也感觉它离我越来越近。天气预报节目不仅关系到农业生产,同时也关系到我们的生活。多关注气象,上学路上及时添上一件毛衣,多带一把雨伞,就能为自己撑起一片温暖舒适的天空。不要认为这些是小事,生病了可是大事。我因为受爸爸的影响关注天气预报,所以上学前都能作好充分准备,很少让父母担心,因此他们也很少到学校来为我送衣送伞。看似枯燥乏味的天气预报节目却有大作用,我爱上了天气预报!

指导教师:唐育红

(原文刊载于《气象知识》2012年第3期)

◎◎。 **作品点评**

小作者通过爸爸应用天气预报指导农业生产的实例,说明了天气预报在日常生产、生活中的重要作用。本文选题很好。开头直入主题,下文就对此展开,思路清楚。

世界雨极乞拉朋齐

◉ 浙江省温州市瓯海区丽岙第二小学　五年级(2)班　陈芝霞

我们丽岙镇是浙南著名的华侨之乡,基本上每户人家都有人在外国创业与经商。我家的两位叔叔和一位舅舅也都在印度东北部的乞拉朋齐,我妈妈每年都要出国给他们帮忙。

我们一起读书的同学,很多人都到过国外,可我长到 11 岁却没有出过国门,心里非常羡慕,多么希望自己也能像他们一样去饱览一番异国他乡的自然风光啊!直到去年暑假,我终于实现了多年的愿望。7月中旬,妈妈带我坐飞机前往乞拉朋齐。

乞拉朋齐的自然风光别具特色。虽然火辣辣的太阳在当空照耀,天气非常闷热,但我还是扛不住想出去逛一逛的强烈念想。妈妈刚准备带我出门,突然天空中乌云密布,刺眼的闪电过后阵阵雷声瞬时传来,刹那间,一场大雨倾盆而下,我们的出行只好作罢。接连十多天,都是一阵骄阳一场大雨,着实断了我想出去走走的念头。

我是学校气象小组的成员,对天气变化特别敏感,凡事都想探个究竟。对于这里多变的天气和突降大雨的状况,我陷入了沉思。毕竟我的气象知识有限,尽管多方面思索,始终找不到答案,便皱着眉头去问妈妈。妈妈说:"你去看看那本《生活大发现》书上有没有答案!"妈妈的话倒是提醒了我,我打开这本书中有关于天气的部分,一看才明白,原来乞拉朋齐位于喜玛拉雅山的南坡,紧挨着印度洋。那里是一个巨大的湿空气"仓库",当西南季风从孟加拉湾吹向青藏高原时,高耸的喜马拉雅山脉却不让它越过,这时湿润的空气就会被逼着向上爬坡升腾,凝结成大量雨滴,于是倾盆大雨就会源源不断地降落。特别是在夏天，天气非常炎热，潮湿空气中的大量水汽汇集在一起，就形成了积雨云；在强烈阳光的照射下，积雨云的体积迅速膨胀，许多云体很快连接在一起，这样就形成了雷阵雨。

看到这个满意的答案，我茅塞顿开。我拿着书，得意洋洋地来到妈妈面前，假装一本正经地问："母亲大人，你知道这个地方为什么会下这么多雨吗？"妈妈见我这样，也假装费神费力地思考问题。这时我沾沾自喜地将原因井井有条地道出。但出乎意料，我竟掉进了妈妈的陷阱，妈妈故作不解地问我："那你知道世界上什么地方下雨最多？"哎呀，这我还真的不知道呢！我马上打开书，东翻翻，西翻翻，手忙脚乱。妈妈笑着走过来说道："世界上下雨最多的地方就是乞拉朋齐。这里有时候一个月要下 25～28 天的雨，尤其是 6—9 月降雨特别丰沛；雨量最大的年份降水量达到 26461.2 毫米。这里的年降水天数和降水量是世界最多的，所以被誉为'世界雨极'。"

暑假很快就结束了。在这短短的一个月中，我学到了许多课本以外的知识。特别是我明白了一个道理：在我们周围的大气中，有无穷无尽的值得我们去发现的问题，只要我们细心去观察，认真去探索，就会获得更多气象知识。

指导教师：金苏丹

（原文刊载于《气象知识》2012 年第 3 期）

◎◎。 作品点评

这是一篇很好的科学散文。作者通过到实地观察感受和查取资料，弄清了世界雨极乞拉朋齐的降雨特点和成因。语言活泼流畅，乞拉朋齐多变的天气和突降大雨的原因解释得比较清楚。

·优秀奖·

香樟的秘密

◉ 浙江省嘉兴市实验小学(西校区)605班　朱可人

2012 年 3 月 28 日　星期三　雨

　　早晨，我背起书包去上学。在友谊路公交车站台候车时，偶然发现路边一片片红的、黄的、褐色的落叶。再抬头看看路边的香樟树，绿绿的叶丛中夹杂着黄的、褐的树叶。咦？怎么回事？明明是春天呀！一上车，我望向窗外的洪波公园，粉粉的樱花、洁白的玉兰正开得旺盛呢！放学一回家，我赶紧上网搜索，才明白了香樟树落叶的秘密。原来，香樟在春天落叶是正常现象。每年四五月份，随着气温上升，香樟树新陈代谢较旺盛，新芽大量长出，老叶也就脱落更新得快一点。只是落旧叶与长新叶是同时进行的，所以香樟看起来一直是常绿的。而且，我还知道了香樟树是嘉兴的市树。由此，我开始对它留意起来。

2012 年 4 月 28 日　星期二　多云

　　今天是五一长假的第一天。我拉着妈妈出去散步，顺便看看友谊路上的香樟树有了什么新变化。因为今天上 QQ 时发现阿姨的个性签名是：香樟树花开得正香。一出小区大门我就睁大眼睛瞧着，还不是绿绿的一片嘛！走近细看，我才发现了秘密。香樟树花小小的，害羞地藏在绿叶间，还真散发出一股淡淡的香味呢！回家后我又一次上网搜索，知道了香樟树初夏开花，黄绿色、圆锥花序。到秋天，它就会结出黑紫色的小果子，成为鸟儿的美食。

2012 年 5 月 15 日　星期二　多云

今天我又和妈妈去散步，发现小小的香樟树花基本已经凋谢了，绿叶茂盛得多了。我期待着黑紫色小果子的到来。到那时，秋天真的来了，我也成了一名中学生了。但我会坚持做我喜爱的气象观测的，并把有趣的现象都记录下来。

指导教师：申海明

（原文刊载于《气象知识》2012 年第 3 期）

◎◎。　**作品点评**

作者无意中发现了香樟在春天落叶而不是秋天落叶的奇怪现象。经过几次观察和收集资料，终于弄清了"香樟在春天落叶是正常现象"的科学道理。这种"每事问"的精神值得提倡。语言活泼流畅，题目简短但让人思考，激发读者欲看正文的愿望。

·优秀奖·

秋天，树叶落了……

◉ 辽宁省大连市格致中学小学部　六年级(1)班　姚天禹

2011 年 11 月 4 日　星期三　晴

今天天气晴朗，有些风，但和前两天比，今天的风吹在身上很舒服，阳光也暖融融的。

中午，我们来到科技中心的室外气象站进行气象观测，百叶箱里的干球温度表显示为 18.2℃，毛发湿度计显示湿度为 38％，风向杆上的压板式风向标的红色箭头显示南风，风板显示风力为 1～2 级。

虽然暖和，但毕竟是秋天了，生态园里的树叶纷纷飘落，像翩翩起舞的蝴蝶。我们都知道，一到秋天树叶就会变黄脱落，但这是什么原因呢？我们在小组活动中提出了这个看似简单、却不明所以的问题，并查阅了网上和书籍的资料，了解到这不仅仅是天气干燥，树叶失去水分的缘故，实际上还有一个原因是气温降低了，落叶树木到了"冬眠"的时候了。大部分地区到了秋天后，温度开始降低，天气干燥，树叶中的水分蒸腾很快。树叶为了更好地保护自己的树干和树根，会将叶绿素、水、氮、磷、蛋白质和碳水化合物等主动送回树干、树根，自己等待枯萎死亡。与此同时，在叶梗部的一组特殊细胞也开始变得脆弱起来。于是，一遇风雨，它们就很容易被折断，从而叶落满地了。在植物的叶子里，含有许多天然色素，如叶绿素、叶黄素、花青素和胡萝卜素等。叶子的颜色变化是这些色素的含量和比例的不同造成的。这几种色素的合成与温度有关，秋天温度下降时胡萝卜素的分泌增多，而胡萝卜素是橙色的，所以树叶会变黄。原来大自然的一切生命都有它适应不同时节的不同方法，真奇妙啊！

秋天往往雨少风多，这种干燥的天气也常常会让我们人类感觉到嘴唇发干，喉咙发痒，皮肤干燥。所以遇到这样的天气，我们也要提醒大家应该多多补充体内缺失的水分。

指导教师：王书丹

（原文刊载于《气象知识》2012 年第 3 期）

◎◎。**作品点评**

作者通过气象观测和对树木的观察以及查找资料，弄清了秋天树叶纷纷飘落的原因。文章的题目很浪漫，语言也很通顺，比喻用得好。

千年极寒真的来了吗

◉ 浙江省湖州市爱山教育集团　小星星气象站

回顾 2010 年夏天，湖州地区天气异常炎热。据调查，不仅仅是湖州地区温度高，对于整个北半球来说都是炎热异常。通过网络资料查阅得知，从美洲东部、欧洲到亚洲，都经历了有气象记录 130 年来最热的夏天。但入冬后气温又开始骤降。于是，网络上有传闻说，欧洲可能将面临"千年一遇"的新低温，中国等亚洲地区也可能难以幸免。这种异常气候与干扰大洋暖流活动的"拉尼娜"现象有关。

所谓"千年极寒"，是指在人类历史上过去一千年里最寒冷的时期。某些人认为，千年极寒大约发生于明朝末年，约为 1580—1644 年间。吉林省专业气象台专家桑老师说，"千年极寒"这个词用得有点夸张，从全世界范围看，准确的气象记录出现不过百余年，对百余年前的气象记录只是依据一定科学手段进行推测。2010 年冬天可能比较冷，但是所谓千年不遇的说法是不准确的。但是值得注意的是，2010 年是个拉尼娜年，拉尼娜现象很有可能于 10 月份开始，在冬季加强并持续。拉尼娜现象的征兆是飓风、暴雨和严寒。那么如果出现拉尼娜现象，对于我国的影响就是容易出现冷冬热夏，即气温冬季较常年偏低，夏季偏高。所以中国气象局曾经提醒过，要注意 2010 年冬天可能出现低温现象。因为 2008 年初，我国南方大部分地区就在拉尼娜气候的影响下，遭遇了历史罕见的持续大范围低温、暴雪、冰冻袭击。所以并不排除 2010 年冬季会比较寒冷，而且概率较高。

但这仅仅是专家们根据以往的经验进行的推测，到底是否真的可以用"千年极寒"这个词描述，我们还是持怀疑态度的。科学家告诉我们，对待事情要持有客观、辩证的态度。于是，抱着对这些预言的质疑，我们投入了这次马拉松式的科技实践活动：观看每日的电视天气预报，坚持关注学校橱窗栏里小星星气象站发布的天气情况记载，坚持及时真实地记录每一天的气象数据。随着记录数据的增多，我们发现，原来今年（2012 年）的气温的确是偏低的，特别是放假前的那场大雪，很像 2008 年的冬天。这时，我们确信了中国气象专家所说的拉尼娜气候的影响。在担心像 2008 年那样灾害性天气会到来的同时，我们继续坚持自己的数据记录。没有任何因素影响我们对"千年极寒"说法真相的揭露。寒假过去了，随着 2011 年 2 月份新学期的到来，我们小组成员会聚一起，将 3 个月的数据与 1997 年以来的冬季气温进行了横向和纵向的比较，惊喜地发现我们的坚持没有白费。通过数据分析，我们发现 2010 年冬季的确是个不寻常的冬季。虽然没有跌破 1997 年以来的最低气温，但也是近年来气温较低的一次，仅仅和最低气温相差 0.1℃。

　　结合自己的记录数据，又从气象部门收集历年来的气温数据，通过列表、绘图，对各月之间、各年之间的数据进行比较，我们从中发现了一些规律，总结出了自己对"千年极寒"和"冷冬"预言的看法。

　　从记载数据看，我们发现，一年中气温较低的是 1 月份，于是，我们将历年 1 月份的平均气温数据计算出来，做了一个近年 1 月份平均气温的比较。

　　通过比较可知，近 14 年以来，2011 年的 1 月份气温最低，仅为 0.28℃，远远低于近 14 年来 1 月的平均温度。就此看来，今年的确是一个名副其实的"冷冬"。

　　为了让我们的看法更具有说服力，我们还将历年来冬季的平均气温做了一次比较。具体如下图。

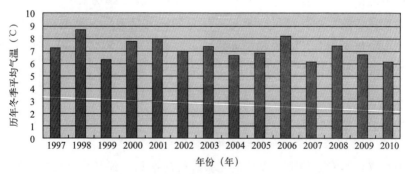

1997—2010 年冬季平均气温柱状图

从这张图来看，2010 冬季的平均气温与其余 13 年相差不大，因此仅以 1 月份的数据来代表冬季气温是不科学的。我们还发现，2007 年的冬季平均气温比 2010 年的气温略低，相差不到 0.1℃。但也由此证明，2010 年冬天是"千年极寒"的说法是有问题的。

我们小星星气象站的全体成员，用事实的数据把"千年极寒"这种预言给推翻了。通过这次的科技实践活动，我们成功经历了当一个小小气象员的过程，同时也像小科学家那样经历了实事求是的记录数据、分析数据的过程。在这期间，我们不仅动手动脑，将所学的气象知识运用到实践中，还加深了自己对所学知识的感悟和体验。这次活动仅仅是我们关注天气现象的一个开始，相信多数同学会以这次体验活动为契机，在以后的科学学习过程中学会尊重事实、尊重数据，用事实和数据说话的科学态度来对待任何事情。

指导教师：朱颂伟　黎作民

（原文刊载于《气象知识》2012 年第 3 期）

◎◎。　作品点评

作者通过连续观测记录获取的大量预报、测报数据，经过分析研究，否定了"千年极寒"的预言。这种执着的科学精神很值得提倡。

·优秀奖·

一滴水给人类的一封信

◉ 广州市萝岗区镇龙第一中学　九年级(6)班　陈桥开

亲爱的人类：

　　你们好！我是地球水源中的一滴水！我从天上来，落到地面上，成为江河中的一员。我滋润着大地，同时也哺育着人类。

　　我们为人类提供能量，无怨无悔地为人类做着贡献。人类用我们洗衣做饭、浇灌草木以及摄取你们所需的水分。如今，我们依然和以前一样为你们提供生活所需的能量，但是，你们已经不再像以前那样爱护我们了。你们毫无节制地使用化工产品，使水源严重污染。你们把重金属废料排放到江河里，使原本的生命之水变成了有毒的水源。尽管这样，我们依然无怨无悔地为你们工作。

　　你们用我们发电，用我们浇养农作物，却毫不节制，丝毫不懂得珍惜。我们还未经使用就被冲入下水道，我们洁净的身体变得污秽不堪。你们把垃圾和废水排入河流里，使原本干净未经使用的水受到污染。我们被太阳蒸发，飘到天上成了雨云，但是大气污染严重，使我们变成了酸雨。未经污染的我们，本是滋润干涸大地的希望之雨，可是被污染的我们，却成了大地上生命的杀手。我无奈，我愤怒，我悲伤却又无能为力。我们再也无法像从前那般洁净，那般神圣。

　　亲爱的人类，请你们将心比心，好好爱护我们吧！当地球上只剩下最后一滴干净的水时，你们后悔就来不及了。请现在行动起来，好好爱护我们，珍惜我们，让我们像以前那样和谐相处！亲爱的人类，请关爱你们身边的每一滴水！关爱我们就是关爱人类的未来！

　　此致

敬礼！

一滴水

2012 年 3 月 10 日

指导教师：陈丽青

（原文刊载于《气象知识》2012 年第 3 期）

◎◎。 **作品点评**

　　作者通过拟人的手法，写出了水对人类的贡献以及人类造成的水污染情况。文章选题有现实意义，采用第一人称和书信形式，有新意。

·优秀奖·

给水孩儿的一封信

⬤ 广州市萝岗区联和小学　六年级（3）班　胡诗蕾

亲爱的水孩儿：

你好！印象中的你是可爱的：太阳一晒，你就变成水汽；飘上空中，你就变成云；遇到冷风，你又变成雨……这世界上到处都能捕捉到你的身影，都能听到你的脚步声。于是，我怀着爱慕之心，提笔向你倾诉。

你是生命之源。树木需要你，鱼儿需要你，至于我们——更是时刻离不开你。我每天在你的呵护下快乐地成长，大口大口吮吸你送给我的"琼汁甘露"，到小溪边和你玩耍，从你身上寻找人生启迪。是你，教会了我宽容；是你，教会了我坚韧。

可不知从何时起，你变了，变得暴躁了。你冲破束缚，狂奔而来，淹没了庄稼，淹没了人们安宁温馨的家；你歇斯底里，倾泻而下，率领千军万马，冲刷着大片土地。从前那个可爱、善良的你哪儿去了？我不禁疑惑。最终，我找到了答案。我们是罪魁祸首：山坡上，保护你的树木被砍伐了；河道中，人们排出的污水直呛你的咽喉，大量倾倒的垃圾污染你洁净的身躯。你无怨无悔地奉献，换来的却是这般，我感到无限的愧疚。

不过，现在我们已经学会聆听你的声音，了解你的痛苦了，也知道不能让水龙头孤独地流泪，因为那一点一滴流淌的都是你的血液。我们为你种起了绿色堤坝，回收了我们送给你的"礼物"——果皮、泡沫塑料饭盒等。我们正一步步恢复你过去的英姿，一点点让你重放光彩。虽然我们至今保护你的力度还不够大，但是请你放心，明天总是美好的，只要我们努力，就一定能恢复你那娇人的面容，也恳请你现在不要再焦虑不安了，也不要再耍脾气了，让我们共同努力，还原一个美好的家园，好吗？

最后，再次诚挚地向你道歉，让我们团结起来，携手并肩，共同营造我们美丽的家园吧。

祝愿我们的家园越变越美丽！

你的朋友：蕾蕾

2012 年 3 月 6 日

指导教师：符霞

（原文刊载于《气象知识》2012 年第 3 期）

◎◎。 作品点评

作者用拟人的手法，论述了保护环境的重要性。采用拟人化书信写法，语言生动、流畅，具有科学性和文艺性。

·优秀奖·

农谚里面有学问

◉ 浙江省岱山县秀山小学　六年级(1)班　王瑜

今天上课，老师发下了一张纸，拿来一看，是"看天谚语"。上面有什么"南风吹到底，北风来还礼"、"火烧乌云盖，有雨来得快"。嘿，还挺顺口的呢！

老师告诉我们：农谚是劳动人民在生产生活实践中总结出来的经验结晶，用通俗易懂、朗朗上口的语言概括提炼而成。看天谚语就是人们得出的有关天气、气候这方面的经验总结。古时候，还没有正式发布天气预报，即使有，人们也无法通过媒体了解气象信息，但生活中有时却非常需要掌握一些以后几天及未来一段时间内的天气情况。于是，人们在生活和生产实践中总结出了许多有关看天的经验，然后用歌谣的形式加以传播、推广，流传至今。今天我们选择其中的几句来验证一下，看这些谚语是否真的能预测天气，它的准确性究竟怎么样呢？

第一句："春季无大风，夏季雨水穷。"它的意思是说，春天如果没有偏北方向的大风，这一年的夏季就可能会雨水不多，比较干旱了；反之，如果春天风雨多一些，到了夏天，雨水相应也会增加。这句谚语中还有一个奇妙之处，只要这一年的春天(一般为 1—3 月份)哪一天有大风或下雨，在 5 个月(150 天)后的那一天也会出现下雨的天气。老师讲完后，特地加重语气，向大家发问："对这句谚语，你们信不信呢？"简直不可思议，气象是一门科学，哪会有这么凑巧的事呢。

老师接着说："我也不太相信呢，好在我们已经有了两年多的气象观测资料，今天我们一起来查找这些资料，来验证一下这句谚语的准确性吧。"说完就把我们分成四个小组，又把一些资料分发到各个小组，要求一二小组先查找 1—3 月份风速大于 5 米/秒的偏北风，并注明这些日期的天气情况，三四小组接着查找与此相对应的 5 个月后的天气情况。

哈，节目开始啦，一会儿就见分晓。我们很快地各就各位，有的查阅气象观测记录本，有的准备好纸和笔。"1 月 4 日西北风，风速 6 米/秒。""1 月 5 日和 6 日都是大风。"不多一会儿，各小组都完成了各自的任务，我们把它汇总后，列成表格。

真有那么巧吗？当老师把我们统计的结果展示出来后，正如谚语所说，我们还真有点不信自己的眼睛呢！不过，影响天气现象的因素很多，好些时候不可能会像这两年的情况那么简单，但是只要我们多动脑筋，一定也能揭开其中奥秘的。

接着老师又要我们来验证第二句谚语："清爽冬至邋遢年。"这句话的意思是：过年的天气好不好，只要看一下这年的冬至那一天天气怎么样，如果是晴朗的，那过年时天气就不会太好；相反，冬至那天如果下雨，过年时天气就会好多了。还是老办法，查找我们记录的现成的天气资料。2006 年的春节是 1 月 29 日，2007 年的春节是 2 月 18 日，我们找到的 2005 年和 2006 年的冬至都是晴到少云，天气比较好。

虽然这两年的春节都没有下雨，但是相差也就只有一天时间，这点误差我们还是给予默认了。

通过这次实践活动，我们真的对那些谚语感兴趣了，再也不小看那一句句顺口溜似的农谚了，那里面还真有不少学问呢！尽管天气是变化无穷的自然现象，但只要我们努力学习，多多实践，以后就一定能掌握其中的规律，学到更多有用的知识。说不定，在不久以后，我们自己也能创作出一些看天的谚语呢。

指导教师：邱良川

（原文刊载于《气象知识》2012 年第 3 期）

◎◎。 **作品点评**

本文介绍了学生在老师的指导下，对部分天气谚语验证的过程。我国的天气谚语非常多，而且各地流传的版本有很大不同，由于天气谚语有很强的地域性，因此，使用前必须验证。本文选题很好。

· 优秀奖 ·

雨的记忆

● 浙江省温州市瓯海区丽岙第二小学　六年级(2)班　荣宇蝶

寒来暑往，冬去春来，雨陪伴着我们度过了不少日子，使我甚为喜欢。

雨，跟随着春姑娘乘着徐徐微风开启了春的大门，大地霎时间变得生机勃勃。小河开始冲破冬的"封印"，哗哗不息地流淌着，有声有色地为我们弹奏着美妙的乐曲；小草探出了幼稚的绿油油的小脑袋，傻乎乎地向我们招手呢，似乎想看看是谁把它从睡梦中唤醒；花儿绽放出了灿烂的笑容，替蒙蒙细雨平添了几分色彩。雨，沙沙沙、沙沙沙地滋润着大地万物。的确，雨在悄悄地洗净残冬留下的痕迹，一切又都焕然一新了。

春姑娘到大地的拜访已经画上了圆满的句号了，夏哥哥又和雨弟弟追逐打闹着来到了人间。他们似乎吵架了，哗，哗，哗，天空中转眼间从风和日丽变成了倾盆大雨。花花草草都痛痛快快地洗了一个澡，太阳出来时，落在叶上的露珠绽放出五彩缤纷的光芒。

呼——呼——呼，凉爽的秋风说到就到。"叮叮咚咚"，绵绵的秋雨带着美妙的音乐，慢慢滴到地上，溅起一阵阵小水花，好似一幅优美的水墨画。秋雨是丰收的前兆，庄稼充分地享受着雨弟弟最后一次的滋润，稻穗挺直了腰板，一个个熟透了的小脑袋悬挂在枝头。秋天的雨也是如此的生机勃勃啊！

冬天下起雨最不好玩了！你看，天气已经够冷的了，再加上雨弟弟的调皮捣蛋，那真是"雪上加霜"了！雨呀，真是又可爱，又淘气！但他仍然会周而复始，陪我们走过每一个春夏秋冬！

指导教师：金苏丹

（原文刊载于《气象知识》2012年第3期）

◎◎◦ **作品点评**

    作者善于观察,对不同季节的雨的特征进行了描述。语言很美。题目不错,能吸引读者眼球。

·优秀奖·

北京南郊观象台参观有感

◉ 辽宁省鞍山市钢都小学　五年级(3)班　郑诗宁

2012年3月19日　星期一　晴

　　今天，我们怀着激动的心情来到了北京南郊观象台，它就是大名鼎鼎的北京观象台。据说，它是北京地区气象台站中唯一一个参加全球常规气象资料交换的台站。它的气象观测数据一般代表着北京的观测资料，非常有权威。而今天，我们就亲身来到了这里。

　　观象台坐落在北京南郊旧宫东侧的五环路边，一座不高的白色小楼，前面是宽阔的气象观测场，绿茵草地中架设着测云仪、测风杆、百叶箱、太阳辐射计和沙尘观测仪等各种各样的气象监测仪器。它们每天都在见证着京城的阴晴风雨，在气象员忙碌工作的身影背后，每一天京城的气象记录在延续着。

　　北京的气象观测史源远流长。在古代中国几千年的农耕文明中，气象和天文是不分家的，每个封建王朝都有皇家观测机构，设在京城为帝王服务。元代有司天台；明朝迁都北京后，正统七年(1442年)修建了观星台；清代沿袭明制，观星台改称观象台(今古观象台)，隶属于钦天监，承担"观天候气"和"敬授民时"等工作。天文气象人员日夜观测日、月、星、风、云、气和雷电等天文、气象的自然现象。数百年里，留下了大量珍贵的记录。

　　观象台的老师们为我们讲解了各种观测仪器的名称及功能，让我们大开眼界，增长了许多知识，初步懂得了气象观测的方法和要领。其中我最感兴趣的观象仪器是测干尘降的采样器。它像一个大大的玻璃筒，里面有一层大约1厘米的水，是用来测尘土降落的质量的。在无降水、降雪等情况时，气象工作人员 10 天一次来测尘土降落的质量，从而得出相关数据，非常有趣。

在世界气象日来临之前的这次北京南郊观象台之行，我永远不会忘记。我深刻体会到了气象工作在我们生活中的重要性。回到学校后，我会更加关心气象、热爱气象，和同学们一起，把我校的气象观测站建设成为鞍山的"南郊观象台"。

指导教师：吴磊

（原文刊载于《气象知识》2012 年第 3 期）

◎◎。 作品点评

作者通过参观北京南郊观象台，了解了北京的气象观测历史和现状，深刻体会到气象工作的重要性。文章写得很精练。

·优秀奖·

志愿讲解　收获成功

◉ 北京市海淀区中关村第二小学　五年级(9)班　郑青云

2012 年 3 月 18 日　周日　中雪转晴

　　今天是我首次参加志愿者活动，感到非常兴奋。为什么呢？因为，第一次参加很新鲜，但更重要的原因是今天我的任务是当中国气象科技展厅志愿讲解员。这是我很久以来最想做的志愿工作。

　　我主要负责介绍"风云系列气象卫星"。一大早我就来到了展厅开始准备。看着外面已经人头熙攘，我感到非常紧张。到了展厅开放时间，人们一下子蜂拥而至，我一下慌张了起来，顿时说不出话来，感觉脑海里一片空白，原来的准备都白费了！但看到参观的观众们都用一张张笑脸看着我，期待着我的讲解时，我的勇气一下上来了，台词脱口而出。有了这第一次的经验，后面我就慢慢熟练了起来。我还把台词做了简化，把那些专业难懂的仪器用简单的语言概括了出来。给年龄偏大的爷爷、奶奶讲解时，我就将语速放慢一些；给小弟弟、小妹妹讲解时，我就讲解得生动、易懂一些。同时，在我给那些叔叔阿姨、爷爷奶奶讲解的时候，他们也教给我不少台词稿子上没有的知识。其中我印象最深刻的是：一个叔叔给我讲了什么是极轨气象卫星，什么是静止气象卫星。他还告诉了我上世纪 90 年代时中国的气象科技成果。他讲得绘声绘色，我也听得很入迷。就这样，通过我的讲解，不仅观众对风云系列卫星知识更加了解，我也在其中收获了很多不知道的知识。每次我给他们讲解完，他们总是会竖起大拇指，脸上绽放出灿烂的笑容，鼓励我，夸奖我。这也是我在讲解过程中最快乐的时候，因为我的讲解让他们了解了更多。

志愿讲解活动锻炼了我的胆量、开阔了我的视野，让我收获了成功的喜悦！

指导教师：沈耘

（原文刊载于《气象知识》2012 年第 3 期）

◎◎。 作品点评

作者描写了担任中国气象科技展厅志愿讲解员时激动、紧张的心情，认真备课的过程以及成功后的喜悦。小讲解员的心理活动写得很真实，语言比较流畅。

·优秀奖·

气象体验之旅

● 浙江省嘉兴市实验小学603班　邱炯恺

一路颠簸，嘉兴气象局的轮廓终于逐渐清晰。在一声声兴奋的呼喊中，气象体验之旅开始了。

一进门，胡锦涛主席的话映入眼帘——"气象事业关系国计民生。希望各级气象部门不断提高气象预测预报能力、气象防灾减灾能力、应对气候变化能力、开发利用气候资源能力，为全面建设小康社会、加快推进社会主义现代化提供有力保障。"我感觉到了国家对气象事业的重视。老师介绍说，每年的气象灾害让许多人变得无家可归，甚至直接失去了生命。当听到老师说我国平均每年因各类气象灾害造成3973人死亡，近4亿人次受灾时，大家不禁倒吸了一口凉气。难道人在大自然面前就束手无策吗？我们带着沉重的心情，继续参观。

走进大厅内，工作人员们都在专心工作，屋子里有些静。屋中有许多仪器，我来到一个像电脑一样的仪器前，只见屏幕中浮现着奇异的景象——里面全是由横着、竖着、斜着的"F"组成的。有些有一横，有些有两横，还有三横的。它们错落有致地排列着，最上层是橘色的，接下来是黄色的，再下面便是绿色、天蓝色、蓝色。远处看去，仿佛是一个个五彩的音符，变幻无穷！这是什么呢？我好奇极了。一位阿姨告诉我，这是风向标。气象仪器真是先进啊！我感叹一声，急忙跟上了队伍，来到了第二层。

这里是气象台，一个像八卦阵似的工作台置于中间，宏伟至极！旁边有8台电脑。"为什么要用8台呢？"我问一个工作人员。"8台？"工作人员先是一愣，随即缓缓说道，"这不是8台电脑，而是2台电脑配备了8个显示屏，这样能方便我们对比。"说着，他点开一个网页，然后将其拖到第2个显示屏中，再是第3个、第4个。"哇!"我们不禁惊呼道。

接下来，我们简单地参观了一下，便来到了第一层——影视中心。影视中心？难道是……"这里是录制天气预报的地方，天气预报都是由我们这儿录制好后发送给电视台的。"正当我猜疑时，一位阿姨介绍道。果然如此，"先请五年级同学进去参观吧!"一旁早已呆不住了的五年级同学，听得此话蜂拥而至录制的房间，而我们则在外面看电视。一个个同学走到屏幕前，指着一个个地名摆起了pose。看得我们六年级的学生不禁咂嘴。忽然，电视中一个同学没有身体，只有一个头"飘"到镜前。"哈哈哈，他只剩个头了! 哈哈哈……"大家笑得前仰后合，工作人员笑着说："他的衣服是蓝色的，和底色冲突了。"

我想象着，里面是怎样的呢？电视中的地点、天气是如何变化的？一进门，我呆住了，想象化为碎片，里面只有一张蓝色的背景。地图呢？带着疑问，我走上台阶。我出现在电视里啦! 尽管现实中我的背后是蔚蓝一片，可电视中的我却在一个地图前。好神奇啊! 我激动极了。"同学们，该回学校了!"老师的声音将我从激动中拉回现实。

气象局的轮廓渐渐模糊，在一声声留恋的叹息中，气象之旅到此结束。这次气象之旅，让我了解了国家气象事业的发展。灾害无情人有情，有情人治无情灾。祝愿我国的气象事业日益壮大，让灾害无处可侵!

指导教师：申海明

（原文刊载于《气象知识》2012年第3期）

◎◎。 **作品点评**

作者通过参观嘉兴市气象局，了解了我国气象事业的发展，进而增强了防灾减灾的意识。语言通顺、简练。开头和结尾似有呼应之感。

· 优秀奖 ·

小水滴旅行记

◉ 哈尔滨市师范附属小学　李　冉

当我再次仰望天空，它不再那么神秘，刮风、下雨也不再是神秘而不可测的现象，这都归功于一次奇妙的国家气象体验之旅。

云是如何形成的？雨、雪、冰雹又是如何形成的？也许对于没有参加这次活动的孩子来说，"不知道"就是他们唯一的答案，可对于参加过"国家气象体验之旅——北京行"活动的我们，应该说"知道"。这次活动是中国气象局组织的一次有意义的体验活动，在那里工作的哥哥姐姐们带我们参观了中国气象科技展厅、华风气象影视传媒集团、北京南郊观象台和中国科学技术馆等许多新奇、好玩的地方。在那些地方我学到了许多有关气象的知识。其中，让我印象最深刻的就是中国气象科技展厅了。

在展厅内，讲解员为我们讲了许多有关气象的知识，从"小球大世界"到"成云致雨"，从人工影响天气到气候资源的利用……听着听着，我仿佛变成了一个小水滴，身体慢慢上升。忽然，我看到了许多和我一样的小伙伴们在云层上又唱又跳，我好奇地问："你们在干什么？"他们欢快地说："我们要投进云姐姐的怀里，让云姐姐快快地长大好投入到大地妈妈的怀抱。"我急忙问道："那云姐姐是如何形成的呢？"托着我们的云姐姐轻声说："其实，我就是空气中许多像你一样的小水滴或冰晶的杰作呀，我由小水滴或小冰晶混合在一起组成，有时也包含一些较大的雨滴及冰雪粒。我是浓还是淡，是大还是小，甚至是有是无要由你们的多少来决定呢。"我明白地点了点头。突然，我听到有人在呼唤我，回头一看，原来是小伙伴们让我参加他们的聚会，只见他们聚在一起，排着整齐的队形。奇怪的是，他们的队伍对我好像有一种吸引力，像是要把我吸过去。我急忙问："这，是怎么回事?"他们齐声答道："嘿嘿，刚才，太阳公公告诉我们，大地妈妈口渴了，农民伯伯需要我们的帮助。我们要变成雨，回到大地妈妈的怀抱，去浇灌大地上的植物。气象台的叔叔阿姨们已经把这个好消息告诉了农民伯伯，他们都在等我们呢。可我们现在的力量太小了，需要更多的小伙伴团结在一起，你也加入吧。"我愉快地走进了他们的队伍。但是，排在最前面的小水滴们怎么也落不下去，急得他们团团转。这时，只听"嗖"的一声，天空中飞来了一粒粒的小珠子，他们有很强的"吸引力"，一下子就把我们都聚到了一起。真神奇，"他们是谁呀?"我好奇地问。云姐姐和这些小珠子打过招呼后，把他们介绍给了我。原来，气象台的叔叔阿姨们看我们无法形成雨滴，就通过飞机播撒或发射人工增雨火箭弹、炮弹，给我们送来了好帮手——碘化银。有了他们后，我们就可以快速地聚集到一起，投向大地妈妈的怀抱。这时，太阳公公会根据我们平时的表现把我们变成不同的形状：乖巧、听话的会变成可爱的雨；机智、灵敏的会变成美丽的雪；调皮、淘气的会变成坚硬的冰雹。我自然而然成了可爱的雨回到了大地妈妈的怀抱。正在玩耍的时候，忽然，一道强光劈了下来，又听见"轰隆隆"的雷声，狂风大作，天马上沉下了脸，下起了倾盆大雨，原来，我们只是"先锋小部队"，他们才是正规的"大部队"呀！我急忙缩回土里，好奇地问大地妈妈："雷电是如何形成的呢?"大地妈妈慈祥地告诉我："雷电是一种大气放电现象，多产生于积雨云中，积雨云的不同部位聚集着正负电荷，地面因受积雨云电荷感应的影响带了与云层不同的电荷，正负电荷聚集到一定程度时，就会以闪电的形式把能量释放出来。而云层与地面之间的空气受热膨胀后发出的巨大响声就是雷声。"这时，外面安静了下来，我钻出了土地，太阳公公出来了，他看到了我就向我招着手，领着我又回到了美丽的云姐姐身边。我回想着刚才丰富多彩的旅行，不由自主地笑了。忽然，我被自己的笑声弄醒了，环顾一下四周，我还在展厅里，刚才只是做了一个奇异的梦。原来，是讲解员讲得太生动了，让我身临其境地体验到了一次神奇的气象之旅，给我带来了很多快乐，让我懂得了很多气象知识。

气象是什么？气象是一扇门，打开它，就会发现另一个神奇的大千世界；气象是一把钥匙，使用它，就会了解天空、掌握自然；气象是一层雾，让你总想穿过它、看透它；气象是一个百宝箱，越打不开就越想打开它。是的，气象就是这么神秘，就是这么令人神往。这就是气象，这就是我的神奇的气象之旅。

（原文刊载于《气象知识》2012 年第 5 期）

◎◎。 作品点评

　　作者以"梦"的形式，记述了成云致雨的过程。文章不落俗套，别具一格，可读性强。